建設版

働き方改革
実践マニュアル

降籏 達生 著　日経コンストラクション 編

はじめに

「働き方改革」とは「休み方改革」ではない。

「働き方改革」の議論になると、残業を減らす、休日を増やすなどという単純な話に終始することが多い。もちろん労働関連法の規制に準じた残業時間や休日数に配慮して、「働きやすい」職場を作るための努力を怠ってはいけない。

しかし、建設業は自然を相手に戦う仕事だ。雨が降ったり、風が強かったりすると実施できない仕事は多い。一方、台風や地震が襲来すれば、国土を守るために現場に出陣するのが建設業の使命だ。そのため、予定通りの時間に仕事を終えたり、休んだりすることは容易ではない。

半面、建設業ほど「やりがい」の大きい仕事はない。建設した構造物は長期にわたってこの世に存在し、地図に記載されるケースも多い。「建設業は地球の彫刻家」と呼ぶ人もいる。顧客や社会から感謝され、ときには尊敬もされる。しかも、仕事を通じて得たノウハウが自らに蓄積する経験工学であるが故に、体が動く限り、建設現場の第一線で働き続けることが可能なのだ。

このような「働きやすさ」と「やりがい」の双方がある職場を「働きがい」のある職場という。では、どうすれば「働きがい」のある職場を作ることができるのだろうか。本書では、働きやすさとやりがいを高め、世間で話題となっている働き方改革を高い次元で実現するための手法やツールを満載した。本書をしっかりと活用すれば、働き方改革の実現が難しいと言われている建設会社などの組織でも、理想とする職場作りに近づけるはずだ。

本書の内容は以下の通りだ。まずは第1章で、建設業界の現状の課題と少子高齢化の脅威について解説する。続く第2章では、今どきの若者のこ

れまでの過ごし方や考え方をデータに基づいて分析した。

　そして第3章では、マズロー欲求5段階説についてひもといた。マズロー欲求5段階説とは、心理学者アブラハム・マズローが「人間は自己実現に向かって絶えず成長する生きものである」と仮定し、人間の欲求を5段階に理論化したものだ。1つ下の欲求が満たされると次の欲求を満たそうとする基本的な心理的行動を表す。以下の章では、マズロー欲求5段階 +1 を基に、建設業において自己実現に向かって成長するにはどのようにすればよいのかを説明している。

　第4章と第5章では、「働きやすさ」を高めるため「待遇良く働きたい」という欲求、さらに、「安全に安心して安定して働きたい」という欲求を満たすための、職場作りの手法を提示した。第6章から第9章にかけては、「やりがい」を感じられるような職場を実現するための手法を指南している。

　第6章では「仲良く働きたい」という欲求を満たすために、職場内にいかにして「安全基地」を設けるかを、そして第7章では、「認められて働きたい」という欲求を満たすために、上司や先輩が部下や後輩に対して納得感をもたらす評価方法について、具体例を示しながら説明した。次の第8章では、「成長して働きたい」という欲求を満たすための人材育成の基本と教育体系の構築方法に触れた。最後に第9章で、「社会や顧客の役に立ちたい」という欲求を満たすための組織づくりを、実例に基づいて紹介している。

　私は、建設業界全体に「休み方改革」ならぬ「いい会社になるための『働き方改革』」が進み、多くの若者が入職し、業界が活気であふれることを望んでいる。今後の建設会社の運営や建設業界の繁栄の一助になれば幸いである。

ハタ コンサルタント株式会社 代表取締役　降簱 達生

建設版 働き方改革実践マニュアル
INDEX

第1章　建設業に襲いかかる少子高齢化の波 ···················· 7
1. 建設産業の役割 ·················· 8
2. 建設業の現状と課題 ·················· 9
3. 建設業の働き方改革 ·················· 14

第2章　今どきの若者を考える ···················· 15
1. 学生が会社を選ぶ理由 ·················· 16
2. 今どきの若者の長所を読み解く ·················· 18
3. 今どきの若者の弱点を知る ·················· 20
4. 育った時代背景を知る ·················· 25
5. 特徴と育て方の方向性 ·················· 26

第3章　マズロー欲求5段階+1を活用して会社を変える ···················· 29
1. マズロー欲求5段階説とは ·················· 30
2. ハーズバーグの動機付け、衛生理論 ·················· 35
3. 働きがいと業績の関係 ·················· 36
4. 建設業で働きがいを高める6つの方法 ·················· 40

第4章　待遇良く働きたい ···················· 47
1. 労働基準法、働き方改革関連法の概要 ·················· 48
2. 変形労働時間制で年間カレンダーを工夫する ·················· 58
3. ICTの活用で業務の効率化 ·················· 65
4. 多能工の推進 ·················· 68
5. 多能工採用の条件 ·················· 78
6. 時間分析で無駄を招く業務の仕方を知る ·················· 79
7. なぜうまくいかないのか ·················· 88

第5章　安全に安心して安定して働きたい ···················· 91
1. 会社から大切にされているという実感 ·················· 92
2. 安全な職場をつくる ·················· 93
3. 安心して働けるような環境整備 ·················· 96
4. 業務の平準化で安定して働ける ·················· 101
5. ダイバーシティ（多様性）を受け入れる ·················· 103
6. なぜうまくいかないのか ·················· 110

第6章 仲良く働きたい 113

1. 職場が「安全基地」になっているか 114
2. 社内に心理的安全性があれば生産性が上がる 115
3. 心理的安全性を高める方法 117
4. 心理的安全性を高めるリーダーの資質 126
5. なぜうまくいかないのか 130

第7章 認められて働きたい 133

1. 効果的な褒め方と叱り方 134
2. 権限を委譲すると人は動く 146
3. 人事評価制度、表彰制度 148
4. なぜうまくいかないのか 151

第8章 成長して働きたい 155

1. 成果を上げる社員に必要な3つの資質 156
2. 人材育成の基本 167
3. OJT（職場内教育）とOFF-JT（職場外教育） 169
4. 必要能力一覧表の作成 171
5. 教育訓練計画の作成 179
6. 研修の進め方 186
7. 個人別キャリアプランの作成 188
8. OJT指導者の育成 190
9. 社内研修講師の育成 195
10. なぜうまくいかないのか 196

第9章 社会や顧客の役に立ちたい 199

1. エンパワーメント 200
2. ティール組織 206
3. ワーク・エンゲイジメント 211
4. なぜうまくいかないのか 213

6

第1章

建設業に襲いかかる
少子高齢化の波

第1章
建設業に襲いかかる
少子高齢化の波

1. 建設産業の役割

　建設産業は、地域のインフラの整備やメンテナンスの担い手である。同時に地域経済や雇用を支え、災害時には最前線で地域社会の安全・安心の確保を担う。地域の守り手として、国民生活や社会経済を支える大きな役割を果たしているのだ。

　2011年に発生した東日本大震災の際には、仙台建設業協会が中心となって地震直後から避難所の緊急耐震診断などを実施した。加えて、夕方には仙台市若林区の道路啓開作業も開始している。

　2016年に起こった熊本地震では、熊本県建設業協会が熊本県との「大規模災害時の支援活動に関する協定」に基づく支援活動を、地震直後から実施した。地域の建設産業の活躍によって、いずれの災害においても迅速な復旧開始を実現できたのである。

　他方、社会資本についてはメンテナンスの重要性が増している。建設後

図 1-1　老朽化するインフラの実情 (建設後 50 年以上経過する割合)

	2018 年 3 月	2023 年 3 月	2033 年 3 月
道路橋：約73万橋（橋長2m以上）	約 25%	約 39%	約 63%
トンネル：約1万1000本	約 20%	約 27%	約 42%
河川管理施設（水門等）：約1万施設	約 32%	約 42%	約 62%
下水道管きょ：総延長 約47万km	約 4%	約 8%	約 21%
港湾岸壁：約5000施設 水深－4.5m以深	約 17%	約 32%	約 58%

（資料：2017 年度国土交通白書）

50 年以上経過する社会資本の割合は、**図 1-1** で示す通り、着実に増加していく。長さ 2m 以上の道路橋は全国に 73 万あり、2018 年 3 月時点では、そのうちの約 25% が建設後 50 年を経過している。その割合は 2023 年 3 月には約 39%、2033 年には約 63% にまで達する。

　同様に、トンネルでは約 42%、河川管理施設（水門等）では約 62%、下水道管きょでは約 21%、港湾岸壁では約 58% が、2033 年 3 月の段階で建設後 50 年以上経過する社会資本となる。メンテナンスの重要性はこの数字が突き付けている。

　このような状況のなか、長期に及ぶ建設投資の減少や競争の激化により、建設企業の経営を取り巻く環境は長きにわたって悪化してきた。ところが最近は、五輪や災害復旧の仕事などが増加。建設投資が上向いた半面、現場の技能労働者や若手入職者の不足が目に付くようになってきた。

　建設産業界は人材確保という点において、既に構造的な問題に直面しているのだ。中長期的なインフラの品質を確保するには、国土・地域づくりの担い手として持続可能な建設産業を構築しなければならない。

2. 建設業の現状と課題

　建設業を取り巻く現状と課題について説明する。**図 1-2** は現在、建設業で働く技能労働者の年齢層を示したものだ。60 歳以上の高齢者が 81.1 万人（全体の 24.5%）を占め、これから 10 年の間に大量の離職が見込まれる。

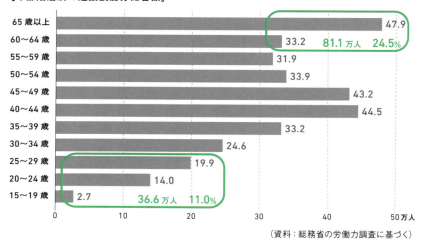

図 1-2　高齢化する技能者
[年齢階層別の建設技能労働者数]

　一方、それを補うべき10代および20代の技能労働者は合計36.6万人（全体の11.0%）に過ぎない。大量に離職する高齢者に比べて、非常に少ない。このままでは全体の労働者数は大きく目減りしてしまう。

　次に、給与水準を見てみる。図1-3は建設業で働く男性の年間賃金総支給額だ。給与は建設業全体では上昇傾向にある。図1-3で示すように、2012年に比べて2017年は13.6%上昇した。一方、製造業の男性生産労働者の平均賃金は470万円だ。建設業で働く男性生産労働者の445万円に比べて約5%高い。全体的に建設業の給与水準が低くなっている。

　続いて、建設業で働く人たちの年間実労働時間を見る。図1-4は年間実労働時間の推移を示す。建設業ではおおむね2000〜2100時間の間を推移している。一方、製造業では1900〜2000時間の間だ。厚生労働省が調査している産業全体の年間実労働時間は、約1700時間。2017年度においては、建設業は製造業に比べて92時間、全産業に比べて339時間、それぞれ労働時間が長くなっていた。

　建設業における休日の状況を示したものが図1-5である。全体において

図 1-3 製造業との賃金差は約5%
[建設業男性全労働者等の年間賃金総支給額]

	2012年	2017年	上昇率
建設業：男性生産労働者	3,915.7千円	4,449.9千円	13.6%
建設業：男性全労働者	4,831.7千円	5,540.2千円	14.7%
製造業：男性生産労働者	4,478.6千円	4,703.3千円	5.0%
製造業：男性全労働者	5,391.1千円	5,527.2千円	2.5%
全産業：男性労働者	5,296.8千円	5,517.4千円	4.2%

約5%の差

（資料：厚生労働省の賃金構造基本統計調査に基づく）

図 1-4 労働時間も製造業より長い
[年間実労働時間の推移]

（資料：厚生労働省の毎月勤労統計調査に基づく）

4週8休は8.5%、4週7休が2.3%、4週6休が24.5%となった。4週当たりの平均休日数は5日である。世の中で当たり前となっている週休2日には程遠い状況だ。休日については、これから増やしていかなければならない。

建設業就業者の推移を示したものが図1-6だ。建設業就業者数は1997年度にピークの685万人に達した。その後、2017年度には498万人にまで減少している。このうち建設技能者については、455万人から331万人まで減少。技術者も41万人から31万人まで減少している。

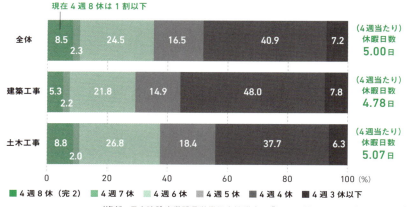

図 1-5 休みもなかなか取れない
[建設業における休日の状況（技術者等）]

図 1-6 建設業の従事者数は長期にわたって減少トレンド

　図 1-7は建設投資額の推移を示したものだ。ピーク時の1992年度には84兆円の建設投資額に達していたものの、2010年度には約42兆円にまで減少。その後は増加に転じ、2018年度は57兆円となっている。

　公共工事設計労務単価を図 1-8に示す。単価は1997年度の1万9121円

図 1-7 建設投資額もピーク時の7割弱に

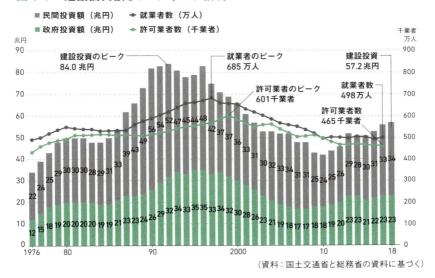

(資料：国土交通省と総務省の資料に基づく)

図 1-8 労務単価が高騰
[公共工事設計労務単価・全国全職種平均値の推移]

(資料：国土交通省の資料を基に作成)

から2012年度に1万3072円まで減少した。しかし、その後は増加に転じ、2018年度には1万8632円にまで上昇している。

1997年以降、建設投資の減少に伴う労働需給の緩和によって、労務単価は低落傾向にあった。しかしその後、必要な法定福利費相当額の反映や、

東日本大震災の入札不調を受けた被災3県における単価の引き上げ措置などを実施。こうした措置が利き、年々労務単価は上がってきた。

3. 建設業の働き方改革

　建設業の働き方改革について説明する。働き方改革とは「一億総活躍社会」を目指す取り組みだ。背景には、生産年齢人口の減少に伴う深刻な労働者不足がある。

　そこで、働き方改革では「(1)働き手を増やす」、「(2)出生率を上げる」、「(3)労働生産性を上げる」ことを目標としている。ところが、この(1)～(3)を正社員の長時間労働が阻害し、働き方改革が進まない状況に陥っている。

　続いて長時間労働を取り巻く環境の変化に着目する。2013年に国連から「過労死等防止措置」について勧告を受け、2014年に働き方改革実現会議、過労死等防止対策推進法が成立した。そして、2015年には過重労働撲滅特別対策班(通称「かとく」)が設置された。

　ところが、同年12月に大手広告代理店で労働者が自殺するという痛ましい事故が起こった。この自殺については、2016年9月に過労死として労災認定され、同10月には本社への立ち入り調査、同11月には強制捜査に至った。厚生労働省によって「過労死等ゼロ」緊急対策が行われ、取り締まりも強化された。最終的には同社の幹部3人と法人が書類送検され、その後2017年9月に公判が行われ、10月には罰金刑(50万円)が確定した。この2017年には、労働時間適正把握措置の新ガイドラインが公布された。そして翌2018年には、働き方改革関連法が成立。2019年4月に施行した。

　こうした法制度などの面からも、建設業の働き方改革は「待ったなし」の状況になっている。

第2章

今どきの若者を考える

第2章
今どきの若者を考える

1. 学生が会社を選ぶ理由

　2019年に卒業する学生が、建設会社を入社先として確定する際に決め手となった項目を**図2-1**に示す。

　リクルートキャリアが実施した調査に基づくデータだ。建設業において決め手となった項目の1位は「自らの成長が期待できる会社」の47.3%だった。これに「福利厚生（住宅手当等）や手当が充実している」（46.7%）、「会社や業界の安定性がある」（46.2%）などが続いた。

　「自らの成長が期待できる」という項目を約半数の学生が選んでいた。この点を踏まえると、魅力ある人材を採用するためには、教育システムの充実が重要だと分かる。

　「会社や業界の安定性がある」という項目については、建設業を選んだ学生は他の業種を選んだ学生よりも割合が大きく、より安定感を求める人材が多い点も注目に値する。

図 2-1　就職先を確定する際に決め手になった項目

（資料：リクルートキャリア）

	全体	性別		業種※					
		男性	女性	IT・情報通信業	製造業	サービス	流通業	金融業	建設業
n	978	527	451	207	246	267	104	94	41
自らの成長が期待できる	47.1	49.0	44.8	48.6	38.3	50.0	53.5	51.1	47.3
裁量権のある仕事ができる	10.2	11.3	9.0	8.4	10.9	12.3	10.9	7.3	6.0
ゼミや研究等、学校で学んできたことが生かせる	16.1	18.0	13.8	20.6	19.5	15.9	5.6	8.2	20.8
課題活動（サークル、アルバイト）や学校以外で学んできたこと・経験を活かせる	9.4	8.3	10.7	6.4	9.3	14.0	12.7	2.4	6.6
フレックス制度、在宅勤務、テレワーク、育児休暇等、働き方に関する制度が充実している	15.0	11.3	19.4	24.7	14.4	9.1	13.1	13.4	15.7
福利厚生（住宅手当等）や手当が充実している	37.8	32.8	43.6	34.7	40.0	33.1	43.8	41.5	46.7
希望する地域で働ける	37.0	28.9	46.4	40.3	36.5	31.8	41.1	45.6	24.7
教育・トレーニング環境や研修制度が充実している	16.0	12.9	19.7	22.8	13.8	14.6	16.2	13.8	10.0
年収が高い	18.4	23.0	13.0	16.4	20.1	17.4	15.1	23.0	29.3
副業ができる	1.1	1.6	0.5	2.5	0.2	0.6	1.3	2.0	-
会社・団体で働く人が自分に合っている	27.5	21.5	34.6	27.0	25.9	25.2	35.4	33.3	23.9
会社・団体の規模が大きい	14.3	14.8	13.7	10.4	15.9	12.7	13.9	16.5	32.9
会社・団体の規模が小さい	1.7	1.8	1.6	2.0	0.4	2.6	1.3	-	4.0
会社・団体の知名度がある	15.1	15.3	14.9	9.9	15.9	14.6	17.9	17.6	30.6
会社や業界の成長性がある	20.2	22.4	17.6	17.5	29.1	19.2	12.7	14.4	17.0
会社や業界の安定性がある	29.5	28.2	30.9	21.4	37.9	26.0	29.7	27.4	46.2
会社・団体の理念やビジョンが共感できる	22.2	21.0	23.7	20.0	28.4	22.3	20.8	17.3	8.6

※就職先の業種を抜粋したため、6業種のnの合計は全体のnよりも少なくなっている

2. 今どきの若者の長所を読み解く

協調性が高い

　今どきの若者の特徴を、データを基にひもといていく。図2-2は、三菱UFJリサーチ＆コンサルティングが2018年に実施した新入社員の意識調査だ。「社会人として自信があるもの」と回答した割合から「欠けているもの」と回答した割合を引いた値を示している。

　上位3つの、「協調性」「責任感」「忍耐力」といったチームプレーに必要な能力には自信がある傾向が強い。一方、「創造力」「積極性」「社交性」といった点に対する自信は小さい。全体としては消極的な姿勢の若者が多いように見受けられる。

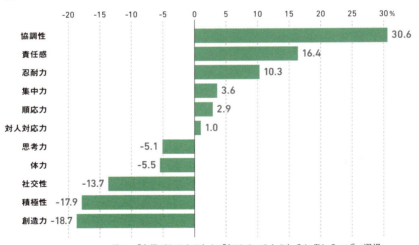

図2-2　若者は協調性や責任感に自信
[社会人としての自分に自信があるもの・欠けているもの]

注1：「自信があるもの」と「欠けているもの」それぞれ2つずつ選択
注2：DI=「自信があると答えた人の割合」−「欠けていると答えた人の割合」
（資料：三菱UFJリサーチ＆コンサルティングの「2018年度新入社員意識調査アンケート結果」）

地位の向上よりも職場の人間関係を重視

図2-3に示すのは、会社や職場に望むことだ。「人間関係がよい＝人間関係を重視している」という考えが透けて見える。一方、「地位が上がる」といった個人の昇格に対する優先順位は低い。周囲と協調して仕事に取り組むことをより重視する姿勢がうかがえる。

図 2-3 出世よりも人間関係が大切
［会社に望むこと］

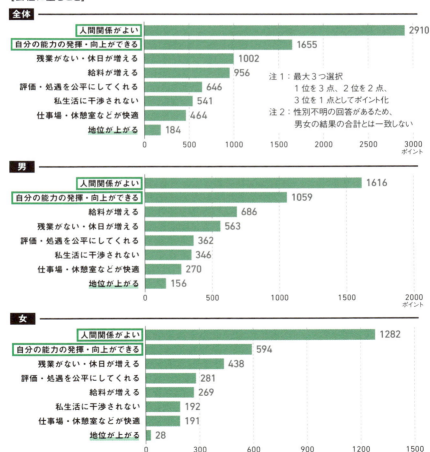

（資料：三菱UFJリサーチ＆コンサルティングの「2018年度新入社員意識調査アンケート結果」）

上司、先輩に対して素直

　マニュアルに掲載されていない事象が発生した場合の対応を問うた調査結果もある。日本生産性本部が実施した調査だ（図 2-4）。「できるだけ自分で工夫」するという回答は低下傾向にある半面、「先輩や上司に聞く」の回答率が増えている。最近の若者は、上司などの指示を待ち、素直に従うという側面が見て取れる。

図 2-4　困ったら上司に従う
[マニュアルには載っていないことが発生した際の対応]

（資料：日本生産性本部の「2018 年度新入社員春の意識調査」）

3. 今どきの若者の弱点を知る

向上心の低下

　再び、三菱 UFJ リサーチ＆コンサルティングが2018年に実施した新入社員の意識調査に注目する。継続的に調査してきた「会社に望むこと」の変化を見てみると、「自分の能力の発揮・向上ができる」という項目を選ぶ若者の割合が急速に減少している（図 2-5）。

図 2-5　向上心が急速に減退
[会社に望むこと ―「自分の能力の発揮・向上ができる」の回答割合]

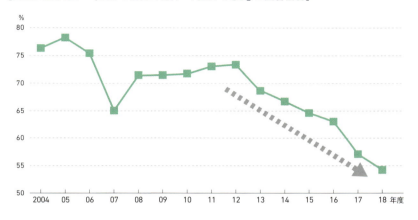

（資料：三菱UFJリサーチ&コンサルティングの「2018年度新入社員意識調査アンケート結果」）

　2005年には8割近くあった回答が、2018年には55％を割り込むまでに至った。向上心の低下は、由々しき問題といえる。

幅を利かせる「自分ファースト」

　「残業がない、休日が増える」を会社に望む回答率は、2012年度から上昇傾向が続いている（図 2-6）。プライベートと仕事の両立を重視する「自分ファースト」志向が強まっている。

　他方、「給料が増える」は横ばい傾向にある。この項目は、2015年までは「残業がない、休日が増える」よりも重視されていた。しかし、2017年以降、「残業がない、休日が増える」を重視する人の方が多くなった。現在は、給与よりも休日を望む若者の方が多いということになる。

　図 2-7で示す日本生産性本部が実施した調査結果によると、若手が「残業がなく自分の時間を持てる職場」を望んでいる傾向も見受けられる。この調査でも「自分ファースト」志向が見られる。

図 2-6　金よりも時間を重視する
［会社に望むこと ― 「給料が増える」・「残業がない・休日が増える」］

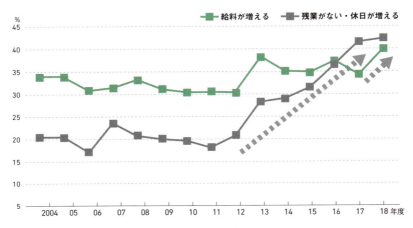

（資料：三菱 UFJ リサーチ&コンサルティングの「2018 年度新入社員意識調査アンケート結果」）

図 2-7　キャリアよりも残業の少なさを重視
［残業について］

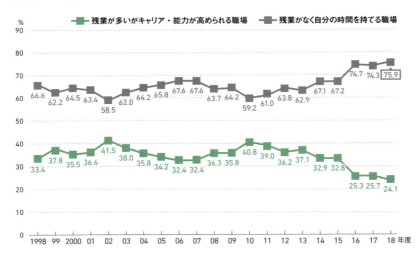

（資料：日本生産性本部「2018 年度新入社員春の意識調査」）

図 2-8　私生活への干渉を拒む
[会社に望むこと —「私生活に干渉されない」]

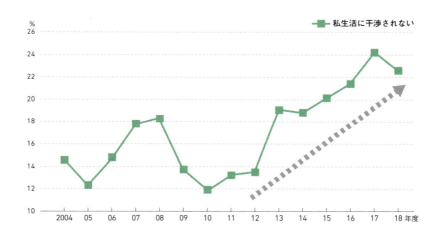

（資料：三菱UFJリサーチ＆コンサルティングの「2018年度新入社員意識調査アンケート結果」）

図 2-9　我慢して続けるのは「無意味」
[自分のキャリアプランに反する仕事を我慢して続けるのは無意味だ]

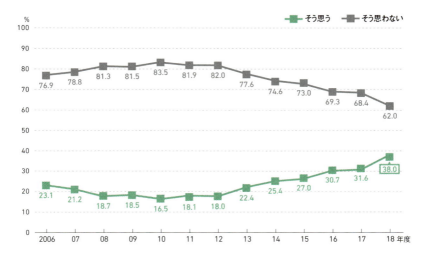

（資料：日本生産性本部「2018年度新入社員春の意識調査」）

また、「私生活に干渉されない」ことを重視する選択者の割合も、上昇傾向にある（図 2-8）。職場に良好な人間関係を求める一方で、その関係を休日やプライベートの時間にまで持ち込むことには否定的だと推察できる。

図 2-9 に示すように、自分のキャリアプランに反する仕事を我慢し続けるのは無意味だという回答が年々増加している。これも「自分ファースト」志向の表れと読み取れる。

スパルタ指導は嫌う

上司からの指導方法への希望を尋ねた調査では、スパルタ教育を嫌い、やさしく丁寧に指導してくれる上司や先輩を望む傾向が認められた（図 2-10）。

図 2-10　やさしく教えてほしい
[どのように指導してほしいのか]

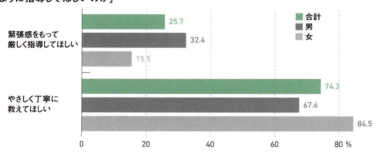

（資料：三菱 UFJ リサーチ＆コンサルティングの「2018 年度新入社員意識調査アンケート結果」）

1つの会社に最低2〜3年勤務すればいい

「あなたは1つの会社に、最低でもどのくらい勤めるべきだと思いますか」という日本生産性本部の質問に対して、「2018年度新入社員春の意識調査」では「2〜3年」が33.4%、「4〜5年」が21.5%、「6年以上」が14.5% となった。特に「6年以上」と回答する割合は、2011年の26.3% から年々減り、「2〜3年」と回答する割合は同年の23.7% から増えている。短期間で転職してもいいと考える若者は、確実に増えている。

4. 育った時代背景を知る

子ども扱いされやすい

　平均寿命が高くなり、年齢の高い人が増えてきた。その分、現在の若者は子ども扱いされやすい。

　江戸時代後期は、平均寿命が60歳前後であったという。坂本龍馬が暗殺されたのは31歳だった。当時の社会全体で見れば、中間くらいの年齢だ。明治維新の際に活躍できた一因としては、そうした社会の年代構成があったと考えられる。

　一方、現在の平均寿命は80代前後に達している。22歳で大学を卒業した新人は、その年齢から見ればまだ4分の1ほど。寿命から考えれば、まだまだこれからという世代に映る。

不況と大規模な災害を経験

　最近の若者は、不況や大規模な災害を経験している。2008年にはリーマンショック、2011年には東日本大震災、2016年には熊本地震を経験した。一方、現状の景況感は悪くないものの、バブル景気や高度経済成長といった明確に実感できるような好況は経験していない。そのため、心の底には常に不安感や心配な気持ちがあるのかもしれない。

スマホの浸透

　スマートフォン（スマホ）は学生を変えた。幼い頃から身近にスマホがあり、それに触れながら成長した年代だ。ゲームをしたり、SNSやメールを使ったりして、既に生活に欠かせないツールになっている。

　一方、便利なスマホはバーチャルな世界ともいえる。レゴや砂場などで、体感できる遊びをたくさんしてきた若者はかなり減少していると見られる。こうしたリアルな世界で立体的に物事を見たり体感したりした経験が少ないと、建設業で扱う3次元の世界を苦手に感じるかもしれない。

学校は完全週休2日制

2002年4月から、学校は完全週休2日制に移行した。2002年4月に小学校1年生（6歳）だった人は、2014年4月に18歳になっている。つまり、2014年4月以降に高校を卒業した人は、通常の土曜日には学校に通っていなかったことになる。

土曜は休むものと考えてきた若者が、建設業に入ったとたんに土曜日や祝日の出勤を強いられると、ショックを受けるかもしれない。生活習慣の変化がもたらす影響は決して小さくない点は留意しておきたい。

5. 特徴と育て方の方向性

最近の若者の特徴を踏まえた、育て方の方向性を解説する。懸念される点としては、「積極性が低い」「スパルタ教育が嫌い」「自分ファースト」などが挙げられる。一方、素直で協調性が高いという長所を持つ人が多い。オーソドックスな指導に効果を期待できる。

つまり、「分かりやすく説明をする」「小さな成長でも褒める」「ときには叱る」という取り組みが肝要だ。ただし、叱るときには感情的になったり突き放したりしてはいけない。具体的に改善方法を説明する必要がある。そして、若者に求める仕事の水準を少しずつ上げていく。方向性を示し、手段を考えさせ、報告させてアドバイスを与えながら育てれば、自主性を引き出しながら成長させることが可能だ。

チームワークを大切にする人が多いという点に着目すると、放任や突き放しによる育成はリスクが大きい。加えて、やさしい指導を求める人が多い点を踏まえると、厳しい上司よりも面倒見の良い先輩と一緒に仕事をさせると成長が早くなるだろう。

向上心が高い人は、従来ほどはいない。「こうしたら出世できる」と言ってみても、心に響かない人が増えている点には留意したい。

若者の育成には、小さな子どもの教育と同様に手間が要る。それでも、素直でチームワークを重んじる人が多い点に着目すれば、さまざまな仕事を吸収してくれる可能性を秘めている。この点を考慮すれば、手間をかけて育てる価値はある。

　下の図 2-11 は、リクルートワークスが調査した仕事の満足度の経年変化を示す。グラフから分かるように、1～3年目は「とても満足している」と「まあ満足している」を合わせた満足度が6割程度にとどまっている。

　しかし、4年目になると10ポイントほど改善している。4年目くらいになれば任される仕事が増え、その楽しさが分かってくるのかもしれない。逆に最初の3年間は意欲の伸びがあまり認められない。この期間が「我慢の育成期間」といえる。入社3年間を乗り越えれば、その後の定着率は向上していく可能性が高い。

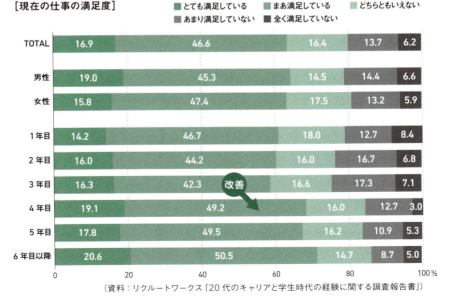

図 2-11　経験が増すと満足度も高まる
[現在の仕事の満足度]
（資料：リクルートワークス「20代のキャリアと学生時代の経験に関する調査報告書」）

水に熱を加えると水温が上がる。水は10℃になっても、20℃になっても、80℃や90℃まで水温が上がっても液体の状態だ。しかし、100℃の沸点に達したとたん、気体となって急激に膨張する。

　これは人に例えられる。入社してからの3年間は、一所懸命教育しても、まだまだ「液体」の状態なのだ。しかし、4年目になると沸点に達して気体となり、大きな力を発揮できるようになる。3年間は辛抱強く成長を促すことが必要だ。

第3章

マズロー欲求
5段階＋1を活用して
会社を変える

第3章
マズロー欲求
5段階＋1を活用して
会社を変える

1. マズロー欲求5段階説とは

　心理学の用語で、「マズローの欲求5段階説」という言葉がある。聞いたことがある人もいるかもしれない。経営学にも応用されている理論で、「人間は自己実現に向かって絶えず成長する」という仮説を基につくられた。

　この理論は、建設業における働き方改革を考えるうえでとても役に立つ。そこで、「マズローの欲求5段階説」を簡単に解説する。

　欲求5段階説は、1943年にマズローが発表した論文「人間の動機付けに関する理論」を通して世に出た。人間が持つ欲求を5つに階層化している。その内容は以下の通りだ。

　❶～❺の優先順に並んだ欲求は、図3-1に示すピラミッド構造の低い位置にある項目から順に表れる。そして、その欲求がある程度満たされると、次の段階の欲求が現れる。さらにその人が求めている階層に応じて、その度合いも変わってくる。

図 3-1　マズローの欲求 5 段階説

❶ 生理的欲求　❷ 安全の欲求　❸ 所属と愛の欲求
❹ 承認の欲求　❺ 自己実現の欲求

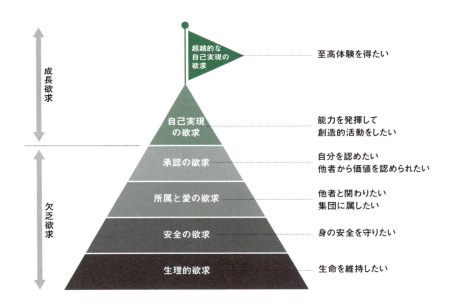

　人間は「欲望」を持つことを悪いことだと捉えがちだ。しかしマズローによると、人間が持つ基本的欲求から生まれる欲望は、決して悪ではない。欲求を抑えることよりも、引き出して満たした方がより健康になり、より生産的になり、より幸福になると考えられているのだ。

　また、晩年のマズローの研究からは、5番目の「自己実現の欲求」は2つの階層に分かれることが分かっている。「超越的でない自己実現の欲求」と「超越的な自己実現の欲求」の2つだ。「マズローの欲求5段階説」は「マズローの欲求6段階説」とも表現できるかもしれない。

　それでは各欲求の内容について、以下に解説していく。

❶ 生理的欲求

　生理的欲求とは、人を動機付ける最も根源的な欲求だ。飲食、性、睡眠など人の生命維持に関わるものが生理的欲求に当たる。

❷ 安全の欲求

　生理的な欲求がある程度満たされると、「安全の欲求」が現れる。身の安全、身分の安定、他人への依存、保護されたい気持ち、不安・混乱からの自由、構造・秩序・法・制限などを求めるのが安全の欲求である。

　明るい場所に慣れた現代人には、真っ暗な森に入ると恐怖を覚える人が少なくない。これは、外界に対する防衛的態度の現れにほかならない。まさに安全の欲求による反応だ。マズローは安全の欲求が、生理的欲求と同じくらい強い欲求だと分析していた。

❸ 所属と愛の欲求

　生理的欲求と安全の欲求が満たされると、「所属と愛の欲求」が現れる。孤独や追放された状態を避け、家族や恋人、友達、同僚、サークル仲間など共同体の一員に加わりたいと思う欲求だ。周囲から愛情深く、そして温かく迎えられたいと思う気持ちにほかならない。安全の欲求で記した「真っ暗な森」において、仲間たちがいて、そのグループに所属したいという欲求をいう。

❹ 承認の欲求

　「所属と愛の欲求」が満たされると、今度は「承認の欲求」が芽生えてくる。「承認の欲求」は言い換えると、「尊厳の欲求」や「自尊心の欲求」だ。

　この「承認の欲求」はさらに2つに分かれる。

● 自己に対する評価の欲求

　強さ、達成、熟達、能力への自信、独立、自由など自己をより優れた存在と認める、自尊心ともいえるものに対する欲求

●他者からの評価に対する欲求

評判や信望、地位・名誉・優越・承認・重視などを求める欲求

　この「承認の欲求」が満たされると、自分は世の中で役に立つ存在だという感情が湧いてくる。逆に、満たされないと焦燥感や劣等感、無力感などの感情が現れる。先ほどの「真っ暗な森」の例でいうと、自らの力でやっていけるという自信を感じたり、仲間からの信頼・評価を受けたりすることで高まる欲求だ。

❺ 自己実現の欲求

　「自己実現の欲求」とは、人が潜在的に持っている能力を開花させて、自分がなり得る姿になりきりたいと感じる欲求だ。より一層、自分らしくあろうとする欲求を意味する。どれだけ下位の欲求が満たされていても、自分に適した仕事などをしていない限り、新しい不満が出てくるのだ。

　「自己実現の欲求」について、マズローは以下のように述べている。「自分自身が最高に平穏であろうとするのであれば、音楽家は音楽をつくり、美術家は絵を描き、詩人は詩を書いていなければならない。人は、自分がなり得るものにならなければいけないのだ。そして人は、自分自身の本性に忠実でなければならない。このような欲求を、自己実現の欲求と呼べるであろう」

　先ほどの「真っ暗な森」の例でいうと、森の中で自分がなりたい姿になり、自分のやりたいことをできている。そんな状況が実現できていれば「自己実現の欲求」が満たされるといえる。

❻ 超越的な自己実現の欲求

　ここでは、マズローが晩年に発見した「超越的な自己実現の欲求」を解説する。「超越的でない自己実現」と「超越的な自己実現」を分ける最大の特徴は、「至高体験」の有無だ。

超越的でない自己実現者とは、自己実現はしているものの至高体験がほとんどない自己実現者を指す。一方、超越的な自己実現者とは、至高体験を持つ自己実現者である。マズローの言う至高体験とは、「興味深い事柄に魅了され、熱中し夢中になること」だ。ミハイ・チクセントミハイが提唱した「フロー状態」とほぼ同じと考えればよい。

　フロー状態とは、「あの人はいつもエネルギッシュに動き回っていて、まるで疲れ知らずだ」と感心してしまうような人の状態をいう。その効果として、米国の教育機関であるシンギュラリティ・ユニバーシティは次のように発表している。

　「想像性や課題解決能力が4倍になる」「新しいスキルの学習スピードが2倍になる」「モチベーションを高める5つの脳内物質（ノルアドレナリン、ドーパミン、エンドルフィン、アナンダミド、オキシトシン）が放出される」「痛みや疲労を感じなくなる」──。

　では、フロー状態に至るためにはどのようにすればよいのだろうか。フロー状態に入るために必要な条件は、以下の3つといわれている。

- 明確な目標と手順があり、さらにそこに向かうための方向性の指示と適切に行動するための環境がある。
- 明確かつ即座に他者からのフィードバックがある。これによって課題へのタイムリーな対応が可能になり、どの程度うまく対処できているのかを認知できる。
- 挑戦する課題と自己の技能とのバランスが取れている。

　スポーツの試合のように、「『勝利』という明確な目標と、活動に専念できる環境が整っていて」「応援などのフィードバックがあり」「試合の相手が同レベル」であれば、フロー状態に入りやすくなる。つまり、超越的な自己実現の欲求とは、フロー状態を求める欲求ともいえる。

　先ほどの「真っ暗な森」の例でいうと、森の中でも疲れを知らず、エネルギッシュに行動できている状態ということだ。

2. ハーズバーグの動機付け、衛生理論

　ハーズバーグの二要因理論（動機付け・衛生理論）とは、米国の臨床心理学者、フレデリック・ハーズバーグが提唱した職務満足および、職務不満足を引き起こす要因に関する理論である。

　人間の仕事における満足度は、ある特定の要因が満たされると上がり、不足すると下がるというものではないという考えに基づいている。「満足」に関わる要因（動機付け要因）と「不満足」に関わる要因（衛生要因）は異なっているのだ。

　1959年にハーズバーグとピッツバーグ心理学研究所が行った調査を分析した結果から導き出された理論だ。約200人のエンジニアと経理担当の事務員に対して、次の2つの質問を行った。「仕事上どんなことによって幸福と感じ、また満足に感じたか」「どんなことによって不幸や不満を感じたか」——。

　その結果、人の欲求には2つの種類があり、それぞれ異なった作用を及ぼすと分かったのだ。例えば、人間が仕事に不満を感じるとき、その人の関心は自分たちの作業環境に向いている。

　一方、人間が仕事に満足しているときは、その人の関心は仕事そのものに向いている。ハーズバーグは前者を衛生要因、後者を動機付け要因と名付けた。

　前者は人間の環境に関するものであり、仕事への不満を予防する働きを持つ要因だ。これに対して後者は、より高い業績を目指すといった動機付けをする要因として作用しているのである。

衛生要因

　仕事の不満に結び付く要因としては、「会社の制度と管理方式」「監督」「給与」「対人関係」「作業条件」などの項目がある。これらが十分でないと、職務不満足の状況を引き起こす。しかし、この部分を満たせば満足感につな

がるというわけではない。こうした環境に関する項目は、単に不満足を減らす意味しか持たない。

衛生要因は、マズローの欲求段階説でいうと、「生理的欲求」「安全の欲求」「所属と愛の欲求」の一部に対応する項目だ。

動機付け要因

それでは、仕事の満足に関わる項目とは何か。それは、「達成すること」「承認されること」「仕事そのもの」「責任」「昇進」などだ。これらが満たされると満足感が高まる。ただし、これらの項目が欠けていても、それが職務に対する不満を招くというものではない。

動機付け要因をマズローの欲求段階説に当てはめると、「所属と愛の欲求」の一部、「承認の欲求」「自己実現の欲求」を満たす項目となっている。

3. 働きがいと業績との関係

世界各国での働きがいのある会社を調査しているグレート・プレイス・トゥ・ワーク（Great Place to Work、GPTW）は、「働きがい」を高めるための専門機関だ。

GPTW が行う「働きがいのある会社」の調査に参加した企業の業績を調べたところ、「働きがいのある会社」の方が、そうでない会社よりも業績が向上している実態が明らかになった。

加えて、働きがいを「働きやすさ」と「やりがい」の観点で分析したところ、ワークライフバランスや労働環境が整備されている「働きやすさ」が充実している職場よりも、経営・管理者層と信頼関係があり、仕事の誇りや連帯感を感じることができる「やりがい」のある職場の方が、業績が向上していることが明らかになった。

近年、「働き方改革」の旗印の下、企業では残業時間の削減や休暇の充実、

リモートワークの推進など、主に長時間労働を抑制し、働く場所の自由度を高める施策が求められてきた。多様な人材の活用や少子化対策といった観点を踏まえると、素晴らしい取り組みだといえる。

しかし、一般的な「働き方改革」の多くは、「働きやすさ」の改善に主眼を置いている。GPTWでは、「働きやすさ」は重要なテーマではあるものの、それだけではなく「やりがい」をもたらすことが「働きがい」を高め、業績を向上させていくうえで重要だと考えているのだ。

図 3-2　働きやすさとやりがいの両輪で満足度に対応

GPTWの資料に基づき日経コンストラクションが作成

図3-2のように、「働きがい」は「働きやすさ」と「やりがい」の合計で決まる。「働きやすさ」とは、快適に働き続けるための就労条件や報酬条件などだ。現在、多方面で進む「働き方改革」の取り組みの中心テーマであり、「目に見えやすい」という特徴がある。

一方、「やりがい」とは、仕事に対するやる気やモチベーションなどを指す。仕事そのものや仕事を通じた変化に起因するもので、「目に見えにくい」という特徴がある。

図 3-3　「働きやすさ」×「やりがい」で職場タイプは 4 つに

(資料：GPTW)

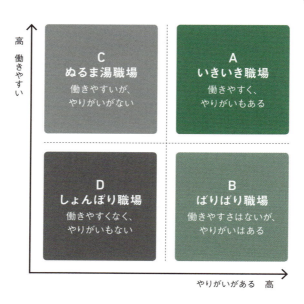

　GPTWでは、「働きがい」が「働きやすさ」と「やりがい」で構成されるという考えに基づき、それぞれの程度から職場を4つのタイプに分けた（図3-3）。そのうえで、4つの職場タイプと業績を分析した。

　分析の結果、売り上げの対前年伸び率は、「いきいき職場」（働きやすく、やりがいもある）が43.6%と最も高い値を示した（図3-4）。これに続いたのは、「ばりばり職場」（働きやすさはないが、やりがいはある）で、22.0%と高い値を示した。

　半面、業績が低くなったのは、「ぬるま湯職場」（働きやすいが、やりがいがない）の6.0%、「しょんぼり職場」（働きやすくなく、やりがいもない）の6.5%だった。驚くべき点は、働きやすくても、やりがいがないと業績が働きやすくない職場と変わらないことだ。小規模の企業（従業員25～99人）ほど、職場の違いによる差が顕著に表れていた。小規模の企業では、「いきいき職場」の60.8%に対して、「しょんぼり職場」は11.5%と50ポイント近くの差が付いた。

図 3-4　やりがいがないと業績は低迷
[売り上げの対前年伸び率]

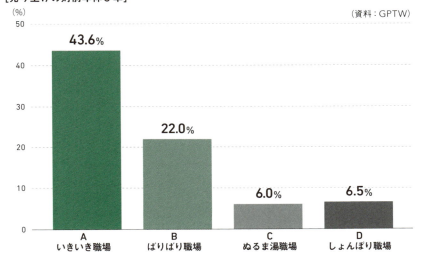

（資料：GPTW）

　働きがいのある会社はそうでない会社に比べて、売り上げの対前年伸び率が高いという結果に基づけば、業績を向上させるためには、「働きやすさ」よりも「やりがい」を追求すべきといえるだろう。

　詳細な分析では統計的な有意差は認められなかったものの、「ばりばり職場」よりも「いきいき職場」が業績が高まった結果を踏まえると、「やりがい」だけがあっても、「働きやすさ」も兼ね備えている「いきいき職場」ほどの効果は得られない可能性がある。

　「働きやすさ」に十分な手当てができていないと、優秀な人材が定着しないことは想像に難くない。継続的な業績向上を目指すうえでは、やはり「いきいき職場」を目指すべきだ。

　「いきいき職場」では、経営・管理者層との間での信頼が構築されており、仕事への誇りや意義も実感できている。加えて、仲間との連帯感や一体感もあるようだ。

　「働きやすさ」によって、多様な人材の活躍が期待でき、「やりがい」の存在によって、さまざまなチャレンジが促される。そして、仲間と一体となって

目標を達成することに対する意欲が生まれる。そのような環境が、業績向上につながっていると考えられる。

なお、本章の冒頭に述べたマズローの欲求段階説でいうと、「働きやすさ」とは、「生理的欲求」「安全の欲求」「所属と愛の欲求」の一部に当たる。さらに、ハーズバーグが示す「衛生要因」に相当する。

他方、「やりがい」とは、マズローの欲求段階説でいう「所属と愛の欲求」の一部、「承認の欲求」「自己実現の欲求」となる。ハーズバーグの理論で見れば、「動機付け要因」に当たる。

建設業の働き方改革においても、この"働きやすさ"と"やりがい"の双方を上げられれば、業績の向上を期待できるだろう。

4. 建設業で働きがいを高める6つの方法

ここまで解説してきたように、「働きがい」とは、「やりがい」と「働きやすさ」の和である。それでは建設業において、これらを高めるにはどうすればよいだろうか。

図3-5には、建設業において働きがいを高めるための6つの方法をまとめている。

図の下部に示す「❶生存安楽の欲求」と「❷安全秩序の欲求」が「働きやすさ（衛生要因）」だ。「❸集団帰属の欲求」「❹自我地位の欲求」「❺自己実現の欲求」「❻社会、顧客貢献の欲求」は、「やりがい（動機付け要因）」に相当する。これら❶〜❻までをバランス良く高められれば、「働きがい」が高まり、業績が向上する。

次に、この❶〜❻までの欲求を建設業においてどのように高めていくのかを解説する。この6つの欲求の高め方は大別して2つある。1つは組織のルールや制度をより良く変える「制度改革」だ。そしてもう1つは、そのルールや制度を実施する社内の雰囲気を変える「風土改革」である。

図 3-5　業績アップのために実施すべきこと

			内容	どのようにすれば高まるか	
				制度改革	風土改革
働きがい	内的動機付け「動機付け要因」 やりがい	当事者意識	❻ 社会、顧客貢献の欲求 ● 社会や顧客に貢献していることを実感 ● 仕事の価値に気づかせる ● 喜ばれて働きたい	● 顧客情報の共有化 ● 社会貢献活動支援制度	● そばにただ立っている管理（MBST）
		自己実現	❺ 自己実現の欲求 ● 目標達成による動機付け ● 成長して働きたい	● 必要能力一覧表 ● 教育計画書 ● 個人別キャリアプラン	●「人を育てる」のではなく、「人が育つ」会社 ● リーダーは何気ない言動、行動を慎む
		自立自責	❹ 自我地位の欲求 ● 選択権、責任を与える ● 承認する （認められる、ほめられる） ● 認められて働きたい	● 人事評価制度 ● 表彰制度	● タイムリーにほめ、叱る ● 権限委譲する
		安全基地	❸ 集団帰属の欲求 ● 社員、仲間同士の信頼関係 ● 仲良く働きたい	● 個人面談 ● 交換日誌 ● 懇親会 ● 慰安旅行 ● メンター制度	●「安全基地」となり、心理的安全性を高める
	外的動機付け「衛生要因」 働きやすさ	規律	❷ 安全秩序の欲求 ● 勤務体系、作業手順など ● 安全、安心に、安定して働きたい	● 手順書、マニュアルの整備 ● 新人の給与は本社経費に ● 障がい者、高齢者、女性の受け入れ	● 上司に何度も聞かなくても仕事ができるよう分かりやすい指示を出す
		待遇	❶ 生存安楽の欲求 ● 給与、賞与、残業、休日、有給休暇 ● 待遇良く働きたい	● 多能工化 ● ICT の導入 ● 休日カレンダーの工夫 ● 就業規則の頻繁な改訂	●「もう帰れ」「明日は休め」と言う

　以下にこれら6つの欲求の概要を述べる。

❶ 生存安楽の欲求

　これは、“待遇良く働きたい”という欲求だ。待遇とは、給与、賞与、残業、休日、有給休暇のことだ。つまりこの欲求は、残業はできるだけ少なく、休日はできるだけ多く、さらに給与や賞与もできるだけ多くもらいたいという願望にほかならない。では、どうすれば待遇を改善できるのであろうか。

　まずは、「制度改革」として、多能工化、ICT の導入、休日カレンダーの

工夫、社員の実情に合わせた就業規則の頻繁な改訂が挙げられる。

加えて「風土改革」としては、「もう帰れよ」「明日は休めよ」と、遅くまで仕事をしている部下や後輩に対して上司や先輩が声をかけるような環境をつくる。部下や後輩が上司や先輩の言葉に素直に従う雰囲気の醸成も大切だ。

❷ 安全秩序の欲求

これは、「安全、安心に、安定して働きたい」という欲求だ。この欲求に対応するための「制度改革」としては、手順書やマニュアルの整備、新人給与の本社での経費計上、障がい者や高齢者・女性の受け入れなどがある。「風土改革」としては、若手が何度も確認しなくても仕事を進められるように、上司や先輩が分かりやすい指示を出すことが肝要だ。

❸ 集団帰属の欲求

現場で働く仲間と「仲良く働きたい」という欲求だ。この欲求に応えていくための「制度改革」としては、個人面談や交換日誌、懇親会、慰安旅行などの実施やメンター制度の整備が挙げられる。「風土改革」としては、職場が"安全基地"となり、社員の心理的な安全性を高められるようにすることが重要だ。"安全基地"とは、心理学ではセキュアベースといわれている。組織（本社や営業所）がセキュアベースになれば、現場で思い切った施工ができるようになるという効果を期待できる。

❹ 自我地位の欲求

これは、「認められて働きたい」という欲求に当たる。仕事や行動を承認されたい（認められたり、褒められたりする）というものだ。各社員に選択権や責任がある。この欲求を満たすための「制度改革」としては、人事評価制度や表彰制度がある。他方、「風土改革」では、先輩や上司が部下や後輩に対して日常的に褒めて、叱ることが肝要だ。そのタイミングにも気を配る。さらには、上司が部下を信頼して、仕事の権限を委譲することも重要

である。

❺ 自己実現の欲求

「成長して働きたい」という欲求だ。その欲求の充足に向けた「制度改革」としては、必要能力一覧表や教育計画書、個人別キャリアプランの整備が挙げられる。「風土改革」としては、「人を育てる」のではなく「人が育つ」土壌をつくることが欠かせない。そのためにも、上司や先輩は、部下や後輩に対して模範的な態度を見せる必要がある。何気ない行動が部下や後輩の成長意欲をそぐ恐れがあるので、日常の行動に注意するようにしなければならない。

❻ 社会、顧客貢献の欲求

最後の欲求は、「喜ばれて働きたい」というものだ。これを達成するための「制度改革」としては、社内における顧客情報の共有化、社会貢献活動支援制度などがあるだろう。また「風土改革」としては、上司や先輩が、過分な指示や指導をせず、部下や後輩のそばにただ寄り添い、困ったときにだけ支援する姿勢も大切だ。いわゆる「ただそばに立っている管理（MBST：Management By Standing There）」の実現が重要である。

会社から見れば、社員が自主的に働くようになった方が好ましい。そのためには、次の3つの条件を備えなければならない。

- ●言いたいことを言える
- ●会社から大事にされているという実感が持てる
- ●社員が会社は自分のものだという当事者意識（危機感、経営者意識）を持てる

「言いたいことを言える会社」にするためには、「集団帰属の欲求（仲良く働きたい）」を満たす必要があるだろう。そして、「会社から大事にされて

図 3-6　良い会社チェックリスト

段階			項目	○×
働きがい	やりがい	❻ 社会・顧客貢献の欲求	20　会社で顧客情報の共有ができており、社内に一体感がある	
			19　エンドユーザー（最終顧客、建設物の使用者）を意識している	
			18　社会貢献活動を推進している	
		❺ 自己実現の欲求	17　自分が現在担当している仕事に誇りを持っている	
			16　経営理念に沿った行動を「自分自身」が取っている	
			15　会社にキャリアプランや計画的に人材を育成する制度がある	
			14　上司や先輩社員は、自分の育成に力を注いでくれている	
		❹ 自我地位の欲求	13　上司や先輩、同僚から褒められることがある	
			12　自分の評価に納得している	
		❸ 集団帰属の欲求	11　自分は他の社員からサポートされる機会が多い	
			10　会社の理念や価値観に合う人材が採用されている	
			9　上司や先輩を信頼している	
			8　新しいことに挑戦できる（失敗を許容する）風土がある	
	働きやすさ	❷ 安全秩序の欲求	7　会社は協力会社（外注先の会社、資機材の納入会社など）を大切にしている	
			6　教育や指導が適切で、自分の業務の難度は適切である	
			5　業務の手順が明確で書式が整備されており、安心して仕事ができる	
			4　経営陣（経営者、役員間）の方針や方向性が一致している	
			3　会社は女性や高齢者、障がい者など多様な人材を受け入れている	
		❶ 生存安楽の欲求	2　待遇（給与、勤務時間、休日）は普通以上で法律を順守している	
			1　多能工化、ICT化など作業の生産性を向上させる取り組みを進めている	

[○の数]　15以上：優秀／10〜14：良好／5〜9：可／0〜4：不可

いるという実感を持てる」ようにするには、「自我地位の欲求（認められて働きたい）」を満たさなければならない。さらに「社員が会社は自分のものだという当事者意識を持てる」ようにするためには、「自己実現の欲求（成長して働きたい）」と「社会、顧客貢献の欲求（喜ばれて働きたい）」を満たす必要がある。

　つまり、6つの欲求に対する対策をバランス良く実施することによって、「働きやすさ」と「やりがい」を感じられる組織に変革できるのだ。その程

度が高ければ、社員が自主的に働くようにもなる。こうして、業績の向上に結び付いていく。

　自社が❶〜❻のどの段階まで実現できている組織なのかを確認するためのチェックリストを図 3-6 に示す。

　このチェックリストの1 〜 20までを全て満たすことができれば、自主的に働き、業績が向上する会社であるといえる。15以上○が付けば優秀、10 〜 14であれば良好、5 〜 9が可、0 〜 4は不可だ。

　まずは、このチェックリストで診断していただき、自社に欠けている部分から改善するとよいだろう。この後の章で、❶〜❻の各段階について解説していく。自社で課題となっている項目から優先して読んで、自社の働き方改革に活用してほしい。

46

第4章

待遇良く働きたい

第4章
待遇良く働きたい

1. 労働基準法、働き方改革関連法の概要

ここではまず、労働基準法、働き方改革関連法の概要を解説する。

労働時間

法定労働時間は1日8時間、1週40時間である。ただし、時間外・休日労働協定（36協定）の範囲内であれば、適法な時間外・休日労働が可能だ。

休日

毎週1日または4週間に4日以上の休日を与えなければならない。一定の要件を満たせば、休日の振り替えが可能。

労働時間の考え方

労働時間とは、使用者の指揮監督下にある時間を指す。使用者の明示

的・黙示的な指示によって労働者が業務に従事する時間は、労働時間に当たる。

これには、3つの要件がある。

- 業務に必要な準備行為（着替え、体操、朝礼など）、業務に関連した後片付け（掃除など）は使用者の指示があれば労働時間
- 資材待ちなどの手待ち時間も労働時間
- 業務上、参加が義務付けられている研修や教育訓練の受講、業務に必要な学習（自習など）を行っていた時間も、使用者の指示があれば労働時間

「黙示的指示」とは、上司や先輩が必ずしも言葉や文書では示していなくても、その態度や雰囲気によって、部下や後輩が指示されたと感じることをいう。例えば、定時を過ぎて上司が部下に「もう帰れよ」もしくは「明日は休めよ」と言えば、これは明示的指示となる。

ところが、忙しそうな上司の態度や自分が手伝わないといけないような現場の雰囲気を見て、自分1人だけ帰ったり、休んだりすることができないと部下が感じ、「私も仕事をします」と言ったとする。この場合、忙しそうな上司の態度や現場の雰囲気が黙示的指示となる。

さらに建設業には、これまで慣例的に業務外とされていた始業前の朝礼や体操、業務後の勉強会などの時間がある。これも労働時間とみなされる。もし、こうした時間を労働時間として見込んでいないのであれば、ただちに見直し、適正な労働時間を管理しなければならない。

事例1 始業前・始業後の労働時間の不算入
始業前の5分間体操に賃金払わず、労基署が是正勧告

S社は、労働基準監督署から労働時間の是正勧告を受け、従業員に未払い賃金約1000万円を支払った。始業前に任意で5分間の体操を実施していたものの、一部の部署で任意参加だと伝わっていなかったという。

S社は始業前に任意で5分間の体操と、始業後に1、2分の朝礼を実施していた。しかし、一部の部署で体操が任意だと伝わっていなかったほか、朝礼が始業前に始められていた部署が存在した。

従業員の情報を受けて、労基署が立ち入り調査を実施。S社に対して体操や朝礼の時間を労働時間として把握するよう是正勧告した。これに基づき、S社は未払い賃金として、約500人に約1000万円を支払った。

移動時間は労働時間か

移動時間について解説する（図4-1）。自宅と現場間の往復は通勤時間であり、労働時間ではない。つまり、自宅から現場に直行し、業務が終わった後、現場から自宅に直帰する場合、現場に着いてから現場を出るまでが労働時間となる。

図 4-1　移動時間は通勤時間か、勤務時間か

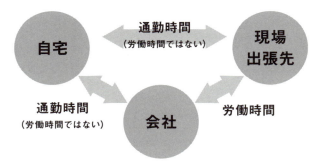

一方、自宅からいったん本社に寄り、会社の車に乗って現場に向かい、現場での作業終了後に本社へ戻り、車を乗り換えて自宅に帰る場合はどうか。このような事例では、車に乗って会社を出る時間から、現場を出て会社で車を乗り換えるまでの時間が労働時間となる。

また、1台の車に数人が乗り合わせて現場に向かう場合、運転手は労働時間だが、同乗者は通勤時間となる。

現場にいる時間だけが、労働時間であるという解釈で賃金を算出して

いる事例をよく見かける。現場への移動の仕方によっては、法違反となるケースがあるので要注意だ。

新ガイドラインで示された労働時間の適正把握措置

2017年1月20日に策定された「労働時間の適正な把握のために使用者が講ずべき措置に関するガイドライン（以下新ガイドライン）」において、労働時間の適正把握措置が示されている。これについて解説する。

始業・終業時刻は、客観的方法によって確認、記録しなければならない。そのためには、以下の2つが必要である。

- 使用者が確認し、適正に記録する
- タイムカード、ICカード、パソコンの使用時間の記録などで確認し、記録する

自己申告制の場合は、以下の3項目も満たす必要がある。

- 自己申告を行う労働者や、労働時間を管理する者に対しても、自己申告制の適正な運用などガイドラインに基づく措置について、十分な説明を行う必要がある。
- 自己申告により把握した労働時間と、入退場記録やパソコンの使用時間などから把握した在社時間との間に著しい乖離がある場合には、実態調査を実施し、所要の労働時間を補正する必要がある。
- 使用者は労働者が自己申告できる時間数の上限を設けるなど、適正な自己申告を阻害する措置を設けてはならない。さらに36協定で延長が可能な時間数を超えて労働しているにもかかわらず、記録上これを守っているようにする行為が、労働者などにおいて慣習的に行われていないか確認する必要がある。

特に工事現場に社員が1人だけ配属されている場合（いわゆる1人現場）は、自己申告制の事例が数多い。自己申告制の場合、会社からの明示的、もしくは黙示的指示によって実際よりも勤務時間を少なく申告するケース

がある。

逆に、誰も見ていないことにつけ込んで、実際よりも勤務時間を過大に申告する事例も存在する。そのため、始業・終業時刻を客観的に確認できるシステムや制度の構築が重要になってくる。

賃金台帳の適正な運用も要る。賃金台帳とは、労働日数、労働時間数、休日、時間外・深夜の各労働時間数を示したものだ。これらを正しい情報で記載・記録することが重要になる。

労働時間を適切に把握するための勤怠管理システムにはさまざまな種類がある。スマートフォンで出勤時に出勤ボタンを押し、退勤時に退勤ボタンを押すというシステムはその一例だ。

GPSによって出勤時・退勤時の社員の位置を把握しておき、正しい場所で正しく出勤・退勤時刻が記録されているか否かを管理者が確認できる。これにより、適切な労働時間の把握が可能になる。システム化によって、勤務時間の集計作業の効率化も期待できる。

事例2 残業時間の過小申告
適正な残業申告を阻害し、長時間労働で労基署が是正勧告

住宅会社のD社の支社が、社員に対して、いわゆる「過労死ライン」と呼ばれる月100時間を超える残業をさせていたとして、労働基準監督署から是正勧告を受けていた。

この支社では、20代の男性社員に対して、月100時間を超える109時間の残業をさせていた。男性は、長時間労働が原因で適応障害を発症したと主張、新卒で入社してから2年後に退職した。

D社では近年、働き方改革を進めている。事前に残業を申請しないと強制的に定時でパソコンが使えなくなるように設定したり、照明が自動的に消えるようにしたりするなど、長時間労働の削減に力を入れてきた。男性は残業しても申請しづらい状況があったと話している。

男性は、「午後9時に電気が落ちて鍵も閉まるが、『9時になったからいったん外出して』って言われ、駐車場の車で電気をつけてずっと仕事していた」という旨の主張をしていた。

36協定

36協定とは、労働基準法36条に基づく協定だ。時間外労働や休日労働を行う場合、事業場ごとに労使で36協定を締結。管轄の労働基準監督署へ届け出る必要がある。そのうえで常時、各事業場の見やすい場所へ備え付け、書面交付などによって労働者に周知しなければならない。

内容に不備がある36協定は無効
民主的な手続きで過半数代表を選任せず

労働基準監督署は、時間外・休日労働に関する労使協定（36協定）を結ばずに、労働者に時間外労働をさせていたとして、C社を労働基準法32条（労働時間）違反の容疑で書類送検した。

同社は1カ月間、従業員9人に対して法定労働時間を超えて、最長で1日当たり9時間26分、1カ月当たり197時間37分の時間外労働を行わせた疑いが持たれている。総労働時間で見ると、1カ月当たり350時間を超えていた。立件対象となった期間や労働者以外に対しても、長時間労働の実態があったという。

労働基準監督署は、定期監督で違反を確認し、調査を開始したところ、以前から36協定締結時に労働者側の過半数代表を会社が一方的に決めていた実態も明らかになった。

建設業の36協定

2019年に施行された働き方改革関連法では、原則として時間外労働の上限を、1カ月当たり45時間、1年間当たり360時間と定めている（月45時間を上回る回数は年6回まで）。

ただし、臨時的な特別の事情がある場合で、労使協定を締結した場合には、以下のような範囲内で変更できる。

- 年720時間以内
- 連続する2カ月平均、3カ月平均、4カ月平均、5カ月平均、6カ月平均の全てで1カ月当たり80時間以内（休日労働含む）
- 単月で100時間未満（休日労働含む）

こうした規定を満たさなかった場合の罰則も存在する。労働時間の上限を超えた場合には、雇用主に半年以下の懲役、または30万円以下の罰金が科せられる。

建設事業の施行日は2024年4月1日である。

※災害の復旧・復興の事業に関しては、時間外労働と休日労働の合計について1カ月当たり100時間未満、2〜6カ月平均では80時間以内とする。規則は適用されない。

上記の原則に従って36協定を締結した場合には、労働基準監督署に届け出る必要がある。

割増賃金

法定労働時間を超える労働（時間外労働）をさせた場合には、労働者に対して2割5分以上の割増賃金を支払わなければならない。

さらに、時間外労働が1カ月で60時間を超えた場合には、その超えた時間について5割以上の割増賃金を支払わなければならない（中小企業は2023年4月1日に施行）。

休日労働

法定休日に労働させた場合、3割5分以上の割増賃金を支払わなければならない。

深夜労働

深夜（午後10時〜午前5時）に労働させた場合、2割5分以上の割増賃金を支払わなければならない。

割増賃金の定額払い

割増賃金を定額払いする際は、通常の労働時間の賃金と割増賃金が明確に区別できなければならない。割増賃金の定額部分が、実際の割増賃金を下回る場合には、その差額を所定支払日に支払う必要がある。

有給休暇取得の義務化

1年間に10日以上有給休暇の権利を持つ従業員については、最低でも5日以上は有給休暇を実際に与えることが義務付けられた。

具体的には、有給休暇の消化日数が5日未満の従業員に対しては、企業側が有給休暇の日を指定し、有給休暇を取得させる必要がある。

有給休暇取得日の指定義務化に対する企業側の対応としては、以下の2つの選択肢がある。個別指定方式と計画年休制度を導入する方式だ。

個別指定方式は、従業員ごとに消化日数が5日以上になっているかをチェックし、5日未満になってしまいそうな従業員に対して、会社が有給休暇取得日を指定する方法だ。一方、有給休暇取得日の指定義務化に関するもう1つの対処法として、計画年休制度を導入する手法がある。

この規定に違反した場合は、労働者1人当たり最大30万円の罰金が科される。施行日は2019年4月1日だ。

事例 4　定額以上の残業代を支払わず
違法残業で書類送検、固定残業代制度を悪用

　労働基準監督署は、36協定を締結せずに労働者に違法残業をさせたとして、N社を労働基準法32条違反の疑いで書類送検した。

　この事件では、固定残業代制度を悪用したことも発覚している。割増賃金は、月45時間分（本社勤務の事務員については月25時間分）を定額で支払うのみで、超過分は一切支払っていなかった。午後10時～午前5時までの深夜労働では、割増賃金とは別に深夜労働割増賃金を支払わなければならない。しかし、これについても適切な支払いを怠っていた。

　定額以上の残業代を支払わなかった理由について、N社側は労基署に対して次のように説明しているという。「決められた時間で仕事ができないのは、労働者の能力が足りないためと考え、支払っていなかった」

　この結果、合計590万円の割増賃金の不払いが発生した。

医師による面接指導制度

　長時間労働による疲労の蓄積は、過労死などの最大の原因である。健康障害の発生を予防するため、事業者は長時間労働を行った労働者に対し、医師による面接指導を行わなければならない。

　時間外労働＋休日労働の時間数が1カ月で100時間を超え、疲労の蓄積が認められる者から申し出があった場合、医師による面接指導を実施しなければならない。時間外労働＋休日労働の合計時間数が1カ月当たり80時間を超える場合は、医師による面接指導は努力義務となる。

振替休日と代休の違い

　振替休日とは、あらかじめ休日と定められた日を労働日とし、その代わりに他の労働日を休日とすることだ。労働させたもともとの休日については、休日労働とはならず、割増賃金も発生しない。

　代休とは、休日労働を行わせた後に、代償として以後の労働日を休日と

することである。前もって休日を振り替えたことにはならず、休日労働分の割増賃金の支払いが必要となる。

週をまたぐ振替は時間外労働（割増賃金）が発生する

　元のカレンダーで、月曜日から金曜日までが8時間勤務であったとする。変形労働時間を採用していない場合で、日曜日に出勤し、振替休日として同じ週の水曜日に休日を取るケースを考える。このケースでは、水曜日が振替休日となる（図4-2の🅐）。

　一方、同じ週で振替休日を取得できず、翌週の木曜日に振替休日を取得した場合は、1週目の労働時間が48時間となって40時間を超える。そのため、8時間分の時間外労働が発生する。その分の割増賃金を支払わなければならない（図4-2の🅑）。変形労働時間制を採用している場合は、最低でも4週4休を満たす範囲内で振替休日を取得すればよい。

図 4-2　振替休日の取り方で割増賃金の要否が決まる
［変形労働時間制を採用していない場合］

事例 5 未取得代休分の残業時間を過小申告
自殺男性は「代休」を差し引いて過小申告

　建設工事現場での長時間労働が原因で自殺した男性が、残業時間を過小申告していたことが分かった。実際は上限の月80時間を超える時間外労働をしていたにもかかわらず、将来代休を取る予定にしてその時間分を差し引き、80時間未満として申告していた。この申告方法は男性の会社で長年の慣習だった。「長時間労働を隠す抜け道のようなやり方だ」という批判が出ている。

　男性が勤めていた建設会社は、一次下請けの立場だった。新聞の取材に応じた社長らによると、同社は労使協定で1カ月の時間外労働の上限を原則45時間、特別な場合は80時間としていた。男性は、12月と翌年1月分の時間外労働をそれぞれ79.5時間と申告。2月は未申告だった。

　しかし、男性の死亡後に設置された外部有識者による特別調査委員会の調査では、12月に86時間、翌年1月に115時間、2月に193時間の時間外労働が認められた。

　社長らによると、男性は本来の時間外労働時間から代休の取得予定時間を差し引いて会社に申告していた。こうした申告は、同社で長年の慣習として続けられており、他の社員も男性と同様の方法で時間外労働を過小申告していたという。直属の上司は、代休が消化されていないことを把握していた。

2. 変形労働時間制で年間カレンダーを工夫する

変形労働時間制

　一定の期間を平均した労働時間が週40時間以下であれば、特定の日や週に、法定労働時間である1日8時間、週40時間を超えた所定労働時間を

定められる。

　この場合、1年単位、1カ月単位、1週間単位の変形労働時間制の構築が可能だ。フレックスタイム制も構築できる。

1年単位の変形労働時間制

　1カ月を超え1年以内の期間を平均して週40時間となるのであれば、期間内の一部の日や週に法定労働時間を超えた所定労働時間を設定しても違法にはならない。年間で業務に繁閑の差がある事業や業種に生かせる仕組みだ。

　とりわけ、建設業では年末や年度末が繁忙期、春から夏にかけては閑散期という場合が多い。変形労働時間制の導入は、労働時間をコントロールするうえで有効な方法となる。

　なお、事前に各月の労働日数と時間数を定める必要があり、途中で変更できない点には注意が要る。労働日数や時間数にも制限があり、年間の総労働時間は最大で週40時間× 52.14週≒ 2085時間までに抑える必要がある。

　以下は、年間変形労働時間の活用例である。

活用例1

　1日8時間、年間労働日数260日、総労働時間2080時間の企業である。閑散期(4〜7月)には残業がほとんどない一方、繁忙期である12〜3月には工事が集中。残業時間もこの時期に集中する悩みを抱えていた。

　そこで、年間変形労働時間制を活用する。閑散期(4月〜7月)の4カ月間は、1日当たりの所定労働時間を1時間短縮して7時間とする。すると、約80時間分の所定労働時間を繁忙期に回すことが可能になる。繁忙期(12月〜3月)の間は毎週土曜日を出勤日に改められるのだ。

　この改変によって、繁忙期の残業時間が1カ月当たり平均で20時間に減少した。所定労働時間を短縮した閑散期を、働き方改革によって残業時間ゼロで乗り切れば、月給30万円の社員であれば、年間約18万円分の人件費を削減できる(図4-3)。

図 4-3　活用例 1 のカレンダー

変更前　| 1日所定 | 全日8.0時間 |　| 年間労働日数 | 260日 |　| 年間総労働時間数 | 2080時間 |
| 休日日数 | 105日 |

20●●年 4月・5月（GW）・6月・7月

8月（夏休）・9月・10月・11月

12月・1月（正月休）・2月・3月

変更後　| 1日所定 | 閑7、繁8時間 |　| 年間労働日数 | 270日 |　| 年間総労働時間数 | 2077時間 |
所定2種　| 休日日数 | 95日 |　年間で3.0時間減
休日10日減

20●●年 4月・5月（GW）・6月・7月

8月（夏休）・9月・10月・11月

12月・1月（正月休）・2月・3月

閑散期の所定労働時間（1日1時間減）×83日＝83時間分を、繁忙期の土曜出勤分へ
※繁忙期のみ週休1日、4〜11月は完全週休2日制

活用例2

現状は活用例1と同様の悩みを抱えている企業だ。これを、閑散期（4月〜7月）の4カ月間は1日当たり7時間勤務、8〜11月までは8時間勤務、そして12〜3月の繁忙期は9時間ないし10時間勤務に変更する。これにより、繁忙期の残業時間の増大をさらに抑制できる（図 4-4）。

活用例3

現状は、1日当たり6時間40分、年間労働日数304日、総労働時間2026時間の企業で、変形労働時間制は導入していない企業である。休日は日曜日のみで運用してきた。

しかし、現在の世の中の流れも考慮して、週休2日制に向けた勤務形態を検討したいと考えている。実際の所定労働時間は1日7時間なので、これを機に所定労働時間の変更も図る。

具体的には以下のように改善する。年間の総労働時間2026時間を1日の所定労働時間の7時間で割ると約289日となる。ただし、1年の変形労働時間制の労働日数の上限は280日となる点は注意する。変形制を用いれば、1日当たり7時間×週6日で1週間当たり42時間の所定労働時間が適法となる。

こうすれば、1日の残業時間20分×304日≒年間100時間分の固定残業時間が減る。

さらに、閑散期（土曜）9日分×6時間40分≒60時間の計約160時間を再配分するなどして、最適値を考える（図 4-5）。

活用例4

現状は活用例3と同一の企業である。この活用例では、1日当たりの勤務時間を7時間30分に修正した事例を掲載している（図 4-6）。

図 4-4 活用例 2 のカレンダー

変更前

| 1日所定 | 全日8.0時間 | 年間労働日数 | 260日 | 年間総労働時間数 | 2080時間 |
| | | 休日日数 | 105日 | | |

20●●年4月

日	月	火	水	木	金	土
	8	8	8	8	8	
	8	8	8	8	8	
	8	8	8	8	8	
	8	8	8	8	8	

5月

日	月	火	水	木	金	土
	8	8	GW			
	8	8	8	8	8	
	8	8	8	8	8	
	8	8	8	8	8	

6月

日	月	火	水	木	金	土
				8	8	
	8	8	8	8	8	
	8	8	8	8	8	
	8	8	8	8	8	

7月

日	月	火	水	木	金	土
	8	8	8	8	8	
	8	8	8	8	8	
	8	8	8	8	8	
	8					

8月

日	月	火	水	木	金	土
		8	8	8	8	
	8	8	8	8		
	夏休	8	8	8		
	8	8	8	8	8	8
	8	8	8	8		

9月

日	月	火	水	木	金	土
						8
	8	8	8	8	8	
	8	8	8	8	8	
	8	8	8	8	8	
	8					

10月

日	月	火	水	木	金	土
	8	8	8	8	8	
	8	8	8	8	8	
	8	8	8	8	8	
	8	8	8	8	8	

11月

日	月	火	水	木	金	土
				8	8	
	8	8	8	8	8	
	8	8	8	8	8	8
	8	8	8	8		

12月

日	月	火	水	木	金	土
				8		
	8	8	8	8	8	8
	8	8	8	8	8	
	8	8	8	8	8	8
	8	8	8	8	8	

1月

日	月	火	水	木	金	土
	正月休		8	8	8	
	8	8	8	8	8	8
	8	8	8	8	8	
	8	8	8	8	8	

2月

日	月	火	水	木	金	土
				8	8	8
	8	8	8	8	8	
	8	8	8	8	8	
	8	8	8	8	8	

3月

日	月	火	水	木	金	土
				8	8	8
	8	8	8	8	8	
	8	8	8	8	8	
	8	8	8	8	8	

変更後

| 1日所定 | 7～10時間 | 年間労働日数 | 254日 | 年間総労働時間数 | 2080時間 |
| | 所定4種 | 休日日数 | 111日 | | |

休日6日増

20●●年4月

日	月	火	水	木	金	土
	7	7	7	7	7	
	7	7	7	7	7	
	7	7	7	7	7	
	7	7	7	7	7	

5月

日	月	火	水	木	金	土
	7	7	GW			
	7	7	7	7	7	
	7	7	7	7	7	
	7	7	7			

6月

日	月	火	水	木	金	土
				7	7	
	7	7	7	7	7	
	7	7	7	7	7	
	7	7	7	7	7	

7月

日	月	火	水	木	金	土
	7	7	7	7	7	
	7	7	7	7	7	
	7	7	7	7	7	
	7					

8月

日	月	火	水	木	金	土
		8	8	8	8	
	8	8	8	8		
	夏休	8	8	8		
	8	8	8	8	8	8

9月

日	月	火	水	木	金	土
						8
	8	8	8	8	8	
	8	8	8	8	8	
	8	8	8	8	8	

10月

日	月	火	水	木	金	土
	8	8	8	8	8	
	8	8	8	8	8	
	8	8	8	8	8	
	8	8	8	8	8	

11月

日	月	火	水	木	金	土
				8	8	
	8	8	8	8	8	
	8	8	8	8	8	8
	8	8	8	8		

12月

日	月	火	水	木	金	土
				10		
	9	9	9	9	10	
	9	9	9	9	10	
	10	10	10	10	10	
	10	10	10	10	10	

1月

日	月	火	水	木	金	土
	正月休		10	10		
	10	10	10	10	10	
	10	10	10	10	10	
	10	10	10	10	10	
	9	9	9			

2月

日	月	火	水	木	金	土
				10	10	
	9	9	9	10	10	
	9	9	9	10	10	
	9	9	9	10	10	

3月

日	月	火	水	木	金	土
				10	10	
	9	9	9	10	10	
	9	9	9	10	10	
	9	9	9	10	10	

閑散期の所定労働時間（1日1時間減）×83日＝83時間分を、繁忙期の日々の残業へ
※繁忙期は原則9時間、特に繁忙な時期と2月・3月の（木）（金）は10時間

図 4-5　活用例 3 のカレンダー

変更前　1日所定　全日6時間40分　年間労働日数 304日　年間総労働時間数 2026時間　休日日数 61日

変更後　1日所定　閑7、繁8時間　所定2種　年間労働日数 280日　休日日数 85日　休日24日増　年間総労働時間数 2054時間　年間で28時間増

1日の所定労働時間を閑散期は7.0時間、繁忙期は8.0時間としながら隔週で週休2日制を導入した

図 4-6　活用例 4 のカレンダー

1 日の所定労働時間を 7.5 時間に延ばし日々の残業時間を吸収しながら、隔週で週休 2 日制を導入した

3. ICTの活用で業務の効率化

　残業を減らして、休日を増やす取り組みは重要だ。しかし、単に1人当たりの労働時間を減らすだけの対応では、必要な業務量をこなせなくなり、社員数を増やさなければならなくなる。社員を増やさずに労働時間を減らすには、業務を効率化しなければならない。

　ここではICTを活用して業務を効率化し、業務時間を短くする方法を考える。ICTを活用して業務時間を短くする方法は、大きく分けて8つある。この後、それぞれについて解説していく。

❶ データの保管、活用による業務時間の短縮

　これはデータをクラウドサーバーに保存して、業務時間を短縮する方法だ。通常は、自分のパソコンや会社のサーバーにデータを入れて活用する。しかし、この方法だと業務を行える場所が限定される。そこで、データをクラウドサーバーに保存する。

　こうすることで、通信が可能な環境にいれば図面や検査データなどをクラウドサーバーから取得したり、編集したりできる。現場でタブレット端末を用いて、クラウドサーバーの図面データなどを見ることも可能だ。

　現場で協力会社から問い合わせを受けた場合でも、クラウドサーバーから図面を取得すれば、回答が可能になる。図面の種類も問わない。迅速に回答できるので、業務時間の短縮に結び付く。

　自宅で仕事することを勧めているわけではない。それでも、自宅で少し図面を見てみたいと思う人は少なくないだろう。そんな人にとっては、わざわざ自宅に図面を持って帰らなくても、クラウドサーバーを活用すれば、図面を確認できる。

　さらには、担当技術者が現場を離れたり休暇を取得したりした際に、他の技術者が現場の図面やデータを確認できるので、代わりに現場管理を行いやすくなる。担当技術者も休暇を取りやすくなるわけだ。

❷ 図面管理時間の短縮

現場では、図面を元請けと協力会社間で共有する必要がある。元請けが現場の巡回確認や検査などを行った場合、まず事務所に移動して検査結果をまとめる。続いて、検査結果を専門工事会社ごとに集約し、関係する協力会社に検査結果を伝えるなどする。これらの作業には手間がかかり、費やす時間は少なくない。

しかし、現在では「事務所に移動する手間」「集約する手間」「全体に周知する手間」を省ける図面管理ソフトが数多く開発されている。図面管理ソフトを活用すれば、これらの不要な時間を短縮することができる。

❸ 複数現場管理時間の短縮

1人の施工管理者が複数の現場を管理するケースがある。とりわけ、小規模工事、個人住宅、リフォーム工事などで複数の案件を管理する場合、協力会社の数は多くなりがちだ。やりとりには多大な時間を要する。

メールやFAXによる現場位置や駐車場の連絡、資材の入荷時期、工程変更の伝達、現場状況の確認など、施工管理者と協力会社とのやりとりが頻繁に発生する。施工管理者によっては、1日中携帯電話が鳴りっ放しという状況も珍しくない。

こうした仕事を管理できるソフトがある。案件ごとの画面を作り、案件の地図や駐車場、工程表や写真などをウェブサイトにアップできる。施工管理者や関連する協力会社の職長はそのサイトにアクセスする。それで、地図や工程、写真を確認でき、施工管理者と協力会社間の電話回数を大幅に減らせる。問い合わせ対応や打ち合わせに要する時間が減り、業務時間を短縮できる。

❹ 現場確認時間の短縮

施工管理者は、現場を見たり確認したりする必要がある。その都度、現場に行って確認するわけだが、移動時間を要する。協力会社の担当者から

「現場を見てほしい」「現場で確認したいことがある」という問い合わせを受けると、現場に出向いて確認しなければならない。

　こうした移動時間や確認時間を短縮するには、ネットワークカメラを使う方法がある。現場にネットワークカメラを配置しておくのだ。施工管理者はタブレット端末などで、カメラの位置や焦点を自在に動かし、現場を確認する。現場にいる協力会社も、カメラに向かって用件を伝えれば連絡が可能だ。施工管理者に確認してもらうまでの時間を短縮できるのだ。

❺ 打ち合わせ時間の短縮

　施工管理者と発注者、または施工管理者と協力会社の間の打ち合わせや協議には、相当の時間がかかる。この時間を短縮するために、テレビ会議システムの導入は有効だ。テレビ会議システムを導入すれば、遠隔地であっても音声と画像で打ち合わせが可能になる。

　施工管理者が本社で行われる会議に参加する場合、本社までの移動時間が無駄になる。繁忙期で現場を離れ難い状況でも、移動して会議に参加しなければならなかったり、参加できずに重要な内容を把握できなかったりする問題が生じる。その際に、テレビ会議システムを用いれば、本社と現場間をつないで打ち合わせすることが可能だ。

　高性能のシステムを導入しなくても、スマートフォンでテレビ会議を開催できるアプリが開発されている。施工管理者は本社の会議に欠かさず参加でき、移動時間も減らせるのだ。

❻ 写真整理時間の短縮

　写真整理に要する時間の短縮に効果があるのが、電子小黒板システムだ。現場で写真を撮る場合、これまでは黒板に文字を書き、1人が黒板を持ち、もう1人がカメラで写真を撮っていた。

　これを、カメラに黒板が内蔵されたシステムを用いて、撮影時に文字を打ち込んで写真を撮ると、1人で黒板付きの写真撮影ができる。そのデー

タをクラウドに保管すれば、クラウド上で写真が整理され、パソコンを開いた後の写真整理作業の短縮にも結び付く。

❼ 測量、図化時間の短縮

測量作業と図化作業の時間短縮を図るソフトが開発されている。座標を入力しておけば、機械がターゲットを自動追尾する。測量担当者がターゲットを必要な場所に移動させれば、必要なポイントを打点できる。通常、測量機械に1人、ターゲットに1人、合計2人の測量者を配置する必要がある。自動追尾型の測量機械を使えば1人での作業が可能になる。

出来形測量をする場合でも、自動追尾型の測量機械や3Dレーザースキャナーであれば、1人で測量できる。測量データをクラウドサーバーに保管すれば、自動的な縦横断図や地形図の作製、作図時間と測量作業時間の短縮が可能になる。

❽ 勤務時間の把握

勤務時間を把握するために、スマホを用いて出勤時間・退勤時間を記載する方法がある。GPSと連動させれば、勤務時間の記録、さらには勤務報告書の作成時間を短縮できる。正しく勤務時間を把握できるというメリットもある。

4. 多能工の推進

業務時間を効率的に使うために、多能工を育成するという手段がある。ここでは、多能工の育成方法や、メリット・デメリットについて解説する。

建設業界の人手不足と多能工の必要性

多能工を使う方が好ましい条件は、以下のような場合である。

- 前後の工程にある他の職種の工事を一緒に行う方が効率的なとき
- 各職種の工事量が少ないとき（維持補修、リニューアル工事など）
- 前後の工程で建設技能者の確保が難しいとき

また、多能工が必要となる背景には以下のような事情がある。

- 手待ち時間や移動時間による効率の低下や工期遅延が見込まれている
- 手順、工程が複雑になることによる品質低下が見込まれている
- 地域の状況により複数の職種、技能を担当せざるを得ない

多能工推進の効果・メリット

建設会社の経営者にとって、多能工を育てる利点は以下のような点だ。

- 工種の入れ替えがないので、工期の手戻りがなく、コストを抑えられる（生産性向上）
- 従業員のやる気が向上する（生産性向上）
- 従来の業務範囲を超え、より広範な業種を一括で受注できる（建設会社の業務範囲拡大）
- 技術革新や新工法に対する適応力が向上する（事業範囲の拡大）
- 仕事の繁閑への対応力が向上する（人材の有効活用）

多能工は技能者から見た場合にもメリットが存在する。以下のような点だ。

- 活躍できる場所が拡大するため、安定した雇用が得られる（業務の平準化）
- 取得した資格などに応じた給与・地位の向上が望める（技能者本人の待遇改善）
- 複数職種の習得によって職務満足度を高めやすい（従業員満足度の向上）

3つ目の項目については、例えば複数の職種を習得しておけば、完成時まで現場に携わりやすくなる。プロジェクトを通した仕事への関わりによって、従業員満足度を高めることができる。

専門工に比べて、多能工の方が手待ちの防止や工期短縮に効果があるという点について、具体的な内容を解説していく。

図 4-7 ただ待つだけでは工期に無理が

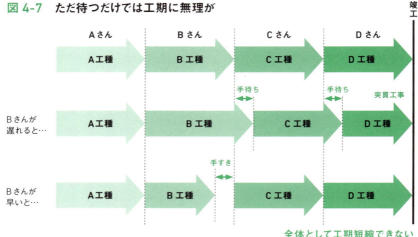

　図4-7は専門工で現場を回す場合だ。A工種をAさん、B工種はBさん、C工種をCさん、そしてD工種をDさんが、それぞれ担うとする。

　もしも、Bさんの工程が遅れれば、Cさんには手待ちが発生する。さらに、Cさんが予定通りの工程で仕事を進めた場合、Dさんにも手待ちが生じる。竣工日が決まっていれば、どこかで工期を削らざるを得ない。その部分は突貫工事となってしまうのだ。安全性や原価上昇の問題が発生するだけでなく、品質低下の恐れも増す。

　Bさんが当初の工程よりも早く工事を終わらせても、Cさんが予定通りの日程でしか着工できなければ、手すきが発生する。これでは、Bさんが早く工事を終わらせても、全体工期の短縮にはつながらない。

　続いて、同じような工事に対して、多能工で対応した場合にどうなるかを解説する。A工種、B工種、C工種、D工種の全てを、多能工であるEさんが対応する場合を考える（図4-8）。

　ここで、工程は「絶対工程」と「余裕工程」に分かれる。「絶対工程」とは、無駄のないギリギリの工程だ。「余裕工程」とは変動工程（天候や条件変更など、避けられない要因による追加工程）と、浮遊工程（手待ち、手戻り、

手直し要因による追加工程）の2つを合わせたものをいう。

　余裕工程をAからDの各工種の絶対工程の後ろに配置する。例えば、B工種が遅れた場合には、余裕工程を使ってC工種やD工種を施工すれば、全体工程に影響を及ぼさずに施工できる。B工種が早く終われば、そのままC工種、D工種に進む。さらなる工期短縮を図ることが可能になる。

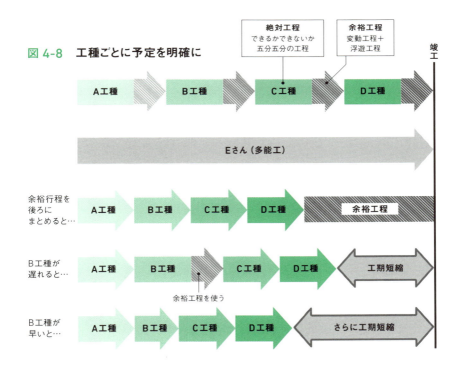

図4-8　工種ごとに予定を明確に

　では、どうすれば絶対工程を把握できるのだろうか。多くの場合、協力会社の職長はサバを読む。仮に、8日間で工事を終えられそうでも、施工管理者には10日かかるなどと言うのだ。施工管理者が絶対工程を把握していなければ、工期短縮は難しい。図4-9に絶対工程を把握するためのやりとりを紹介しよう。

図 4-9　絶対工程はこうして探る

施工管理者　　　　　　　　　　　　　　　　　　　　**現場担当者**

10日かかるって？ちょっと長すぎるな。俺は5日くらいでできると思うけど。どう、やってみない

> ちょっと待って。10日でも十分厳しいし、5日なんてとんでもない。掘削中に水が出るかもしれないし、雨も考えられる。おまけに工事中に必ずといっていいほど、親方から突然、別の現場の人を応援に行けという指示が出ます

そうだな。5日は厳しいかもな。でも、もしも水も出ず、雨も降らず、親方からの突然の指示もなく、作業だけに集中できたらどうだ？

> そんなことは現実的ではないけれど、それなら2日くらいは縮めて、8日でできるかもしれません

8日ね。では工程について、50％分の保険を確保できていたとしたらどうだろう

> 保険ってどういう意味ですか

その分遅れてもおとがめなしということだ。8日工程の場合、保険はその半分の4日つける。すると全体で12日で終わればいい工期になる

> 10日間の工程を8日にチャレンジするが4日の保険があり、合計12日でやってもいいっていうことですか。それなら問題なくできます

10日間の工期に対して12日なら誰でもできるね。もっと工期を短縮できないのか

> では7日でどうでしょうか

7日ってことは、保険は半分の3.5日だ。全部の工期は10.5日になる。するとチャレンジ7日、保険3.5日の工程となる。これでも10.5日になって、元の工期より長くなる。例えば5日間、この仕事だけに集中してくれないか。ほかは一切手をつけないで、段取りも俺が手伝う。実際に問題があったら、本当に保険の2.5日までは俺が面倒見るよ

> 本当に面倒を見てくれるのですね。なら5日でチャレンジしてみます。これなら、合計で7.5日までは遅れてもおとがめなしですね

その通り。5日のチャレンジの工期、2.5日の保険で今回の工事を進めてみよう。つまり絶対工程は5日ということだね

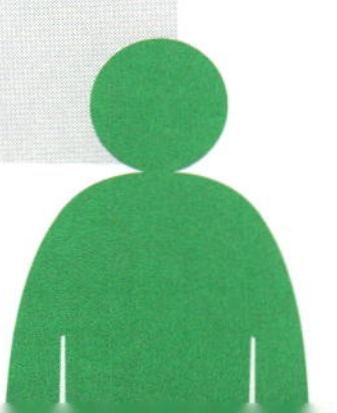

このようなやりとりによって絶対工程を把握できれば、多能工のメリットをさらに大きくすることができる。

専門工と多能工の違い

ここでは、製造業でよく用いられるベルトコンベヤーのライン作業を対象にして、専門工方式と多能工方式のメリットとデメリットを解説する。

まずは専門工方式を説明する。図 4-10 は ❶〜❺ までの作業員がそれぞれの作業を分担し、材料から完成品に至るまでの過程を示す。

専門工方式のメリットは以下の通りだ。

● 大量生産に向いている→作業量が多いと、工期を短縮できる
● 同じ作業なので、慣れによる効率化が狙え、工期短縮や原価低減を図れる
● 比較的早期に一人前になれるので教育費が抑えられる

一方、デメリットは以下の通りとなる。

● 作業者の間に能力差があれば手待ちが生じやすくなり、全体の工程に遅延が生じてしまう
● 最も能力が低い作業者の能率で全体工期が決まる（ボトルネック）
　　例えば、ボトルの首が細ければ、その断面積までしか水を出せない。ボトルネックとはその名の通り、ボトルの首の面積で出る量が変わるという意味だ。行列内で 1 人でも遅い人がいれば、行列全体での進行スピードが、その人の速さで決まってしまう。
● 同じ作業が続くために、作業者のやる気、やりがいが低下する

続いて、多能工方式について解説する。図 4-11 は、2 人の作業者が ❶〜❺ の作業を全て行うという例だ（1 人の作業者が行うケースもある）。作業者は 2 人とも、❶〜❺ までの作業を全て実施できる多能工だ。

図 4-10　専門工方式（コンベヤーライン）

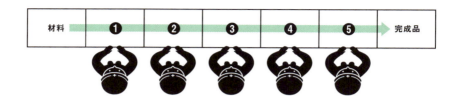

図 4-11　多能工方式（セル生産方式）

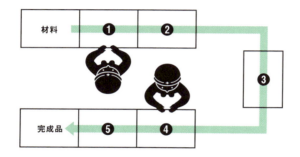

この多能工方式のメリットは以下の通りだ。

- 多くの品目を生産できる（違う品目が出ても❶〜❺までの多様な作業を1人でこなせるので、別の品目でも対応できる）。そのため、一品生産である建設業に向く
- 素早く完成できて手待ちが減り、工期を短縮できる
- 生産する品目を簡単に変えられるので、小規模工事に向いている
- 特定の部署や部位に負担をかけないので、特定工種の能率が低くても対応できる

- 完成まで担えるので、やる気・やりがいが高まり、作業スタッフに責任感が芽生える

一方、デメリットは以下の通りだ。

- 作業者一人ひとりに求められる技術水準が上がる（全ての工程を担当しなければならないうえに、完成品の品質への影響度が増して責任が重くなる）
- 作業者への教育に時間がかかる（多くのことを覚えてもらわなければならない）

多能工の活用に適している工事や場面

　ここでは、どのような工事や場面で多能工を活用すべきか、6つのタイプに分けて解説する。

タイプ1：複数の専門技能を習熟した多能工

　リニューアル工事や設備工事、電気工事などで多くの工種を担う多能工だ。例えば、マンションのリニューアル工事において、電気工事、設備工事、仕上げ工事を全て1人の多能工で行うような場合だ（図 4-12）。

図 4-12　マンションリニューアルで生かせる多能工

タイプ2：専門技能を水平展開した多能工

　木工事とボード工事、フローリング張り、サッシの取り付けといった例や、型枠工事と鉄筋工事のように、連続して行う工事を担当する多能工だ（図 4-13）。

図 4-13　連続する工事を担う多能工

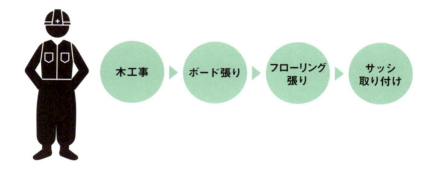

タイプ3：グループによる多能工

　複数の専門工が、グループになって協働するグループ多能工だ。例えば、Aさん、Bさん、Cさんのグループがあったとする。仕上げ工事の段階では、仕上げ工事の専門工であるAさんが親方で、Bさん、Cさんは手元の役割となる（図 4-14）。

図 4-14　工種に応じて親方を交代

ところが電気工事の段階になると、電気の専門工であるBさんが親方で、Aさん、Cさんが手元を務める。設備工事に移ると、設備の専門工であるCさんが親方となり、Aさん、Bさんが手元に変わる。このように、それぞれの専門工がグループになって複数の工事を担当することができる。

タイプ4：基本技能同一型多能工

基本技能が同一の工種を行う場合だ。例えば、型枠と造作工事、防水工事と塗装工事、水道工事とガス工事のように、基本技能が似ている作業を行う場合をいう（図4-15）。

図4-15　基本技能が近い工種で多能工に

大工技能工

タイプ5：偶発的作業に対応する多能工

クレーム対応や臨時作業のような、偶発的な作業を行える多能工である。図4-16のように、コンクリートの打設が完了した後、型枠がはらんでしまうと、はつりが発生する。コアを抜く位置がずれたり、忘れたりすると追加のコア抜きが発生する。アンカーの入れ忘れや、設置位置がずれた場合には、あと施工アンカーの施工が要る。

これらは、コンクリート打設後に発注し、手配しなければならない。つまり、手待ちが発生する恐れがあるのだ。一方、ここでコンクリート打設工が、はつり工事、コア抜き工事、あと施工アンカー工事ができる多能工

であれば、非常に効率的だ。手待ち、手直し、手戻りが大きく減らせる。

図 4-16　クレーム処理などで活躍する

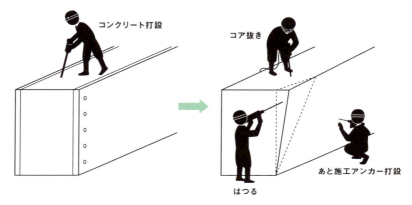

タイプ6：施工管理での「多能」

　設計、施工、維持管理のように、通常は別の専門職として考えられている職種の「多能工」だ。明かり工事とトンネル工事、土木工事と建築工事、山岳土木工事と都市土木工事、官庁工事と民間工事、管工事と電気工事などのように、一見異なる職種を同時に担えるようにする。業務のムダを減らせる。

　1級施工管理技士の資格を土木、建築、管工事などと増やせば、多能技術者となれる。今後は複数の施工管理技士の資格取得を目指したい。

5. 多能工採用の条件

　このようにメリットが多い多能工を採用するためには、幾つかの条件を克服する必要がある。

❶ 教育・訓練の充実

　複数工種を身に付けさせるために、計画的かつ体系的な教育・訓練が必

要だ。これはOJT およびOFF-JT による教育が要る。

❷ 正社員化

技能者を正社員として雇用する必要がある。教育や訓練を充実させる意味でも、正社員として教育することが効果的だ。

❸ 購買単位の変更

これまで、単工種ごとに発注していたものを、多能工を前提とした発注方式に変更する必要がある。

❹ 能力評価制度

単能工ではなく多能工としての実力を高く評価して、社員のやる気・やりがいを高める。

6. 時間分析で無駄を招く業務の仕方を知る

時間管理が不十分なために、業務の遂行が非効率になっているケースがある。その場合、自分の業務の効率を確認する必要がある。まずは次のチェックシートで、自分の時間の使い方を確認しよう（図4-17）。

次に図4-17のチェックシートの各セクションの合計を、図4-18の「タイムマネジメント分析」にプロットする。10点以下のセクションは、タイムマネジメントに問題がある。

図 4-17　自己チェックシート

**非常に当てはまる＝ 1、当てはまる＝ 2、何ともいえない＝ 3、
当てはまらない＝ 4、ほとんど当てはまらない＝ 5 とする**

スケジュールの立て方	
相手との約束は管理しているが、自分の予定は管理していない	
自分 1 人でやる仕事はいつも後回しだ	
自分の時間がいつも足りないと思う	
仕事を始めるときに必要な時間を事前に考えない	
いつも期限中心に仕事を組み立てる	
合計	

仕事の取り組み方	
仕事の満足感は期限を守れたときに得られる	
時間が足りなくなると、その場しのぎになる	
一所懸命努力している割に成果が出ない	
仕事を始める前に理由や目的を考えない	
期限を守ろうとして仕事の中身が薄くなることがある	
合計	

優先順位を決める能力	
予定通り、目標通り仕事が進むことはまれだ	
目標はいつも現実離れしている	
やることが多くなると、目先の仕事や簡単な仕事から着手する	
他人からの仕事をついつい優先する	
重要な仕事はいつも後回しになっている	
合計	

コミュニケーション能力	
相手の話を聞くときに相手の意見や指示を理解できないことが多い	
相手に話すときに自分の意見や指示がなかなか伝わらない	
書類を読むときに一字一句丁寧に読まなければ気が済まない	
書類を書くときに考えていることを全て均等に書く	
仕事上のコミュニケーションに不安がある	
合計	

リーダーシップ能力	
複数の人間で同じ仕事を行い、ムダになることがある	
同じ仕事に複数の指示や命令を頻繁に出している	
リーダーからの指示が曖昧なことが多い	
チームでの自分の役割が不明確	
責任の割に権限がない	
合計	

チームワーク	
上司や会社の方針が分からないことがある	
チームで仕事をするときに、メンバーが十分納得しないまま始める	
意見を調整するための十分な時間を取っているとはいえない	
チームで仕事をするよりも自分1人の方がやりやすい	
チーム会議はいつもリーダーの独り舞台だ	
合計	

チームの専門知識・技能	
担当業務の専門知識が十分とは言えない	
他部門との仕事の調整でいつももめる	
他部門がやるべき仕事を随分やっている	
業務のノウハウの蓄積が不十分だ	
誰がやるのか、どの部門がやるのか、不明な仕事が多い	
合計	

業務遂行環境（職場のルール）	
判断や意思決定が遅く、なかなか実務に入れない	
ルールや規範、手続きが厳しく、各自の裁量で仕事ができない	
顧客ニーズに応えようとすると、社内基準が壁になる	
各自の判断や意思決定と社内基準などを調整する担当が不在だ	
各自の判断や意思決定を尊重し、社内基準を緩和すべきだと思う	
合計	

図 4-18　タイムマネジメント分析

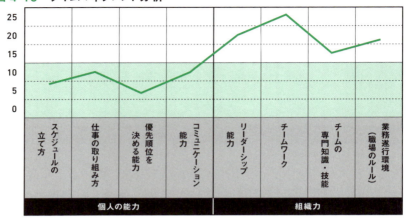

図 4-19　チェックシートから見えた課題に対策を

	低い項目	課題	解決策
個人の能力	スケジュールの立て方	自分自身のスケジュールの立て方に無駄がある	計画を立ててから仕事を始めるようにする
	仕事の取り組み方	仕事に取り組む姿勢に課題がある。時間を守ることを優先するあまり仕事の品質が下がり、その場限りの仕事になっている恐れがある	仕事の質を守るために必要な時間を見積もり、それを相手に伝えて仕事を進める
	優先順位を決める能力	仕事の優先順位を決められず、目の前の仕事や緊急の仕事をこなすことで、時間がなくなってしまいがちである	仕事の優先順位を決めてから仕事を始める
	コミュニケーション能力	口頭や文書によるコミュニケーションに課題がある	相手の話をよく聞き、相手に伝わりやすい方法で話す。分かりやすい日本語での表現を意識する
組織力	リーダーシップ能力	所属するチームリーダーの能力に課題がある	リーダーシップの在り方について、よく討議する
	チームワーク	所属するチームの協力体制ができていない	共同で仕事を進める体制を整備する
	チームの専門知識・技能	所属するチームが持つ専門知識や技能が低いか、それらが共有されていない	会合の充実や専門知識、技能の共有化を進める
	業務遂行環境（職場のルール）	職場のルールの不具合が原因で仕事に無駄が生じている	社内基準の見直しを検討する

　図 4-18において、左側の4項目の点が低い人は個人の能力に課題がある。残りの項目の点数が低い人は、所属している組織力に課題がある。個人の

能力に課題がある場合は、自身の時間管理を見直す必要がある。

他方、組織力に課題がある場合は、組織の長と一緒に、働くための制度を見直す必要がある。

図4-19を参考に、見直しを図ってほしい。

「誰がどのようにやるか」で仕事の仕方が変わる

さらに、時間の無駄をなくすために不可欠なことがある。それは仕事の分類だ（図4-20）。

- 自分1人で完結する仕事（現場測量業務など）か、他人と一緒にする仕事（施工計画作成を数人で分担する業務など）か
- 事前に想定できる仕事（予定通りの業務など）か、想定できない仕事（緊急時・クレーム対応など）か

図4-20　仕事を分類して課題と対策を浮き彫りに

	仕事の分類	留意点	課題と改善策
1人でする仕事なのか	自分1人でする仕事	仕事の始まりを決める	取り掛かりが遅くなりがち ➡30分以内に始める
	他人と一緒にする仕事	仕事の終わりを決める	期限を決めずに仕事を始めがち ➡実施期限を決める
事前に分かっていた仕事なのか	事前に想定できる仕事	自分が今やる仕事、自分が後でやる仕事、他人がやる仕事に分類する	無計画だと取り掛かりが遅れる ➡スケジュールを立てる
	事前に想定できない仕事		担当を決められず取り掛かれない ➡早い段階で打ち合わせをして担当を決める
継続してする仕事なのか	継続的にする仕事	チェックシートをつくり、仕組みにする	仕事が標準化されておらず、担当者によってかかる時間に差がある ➡手順書やチェックシートをつくる
	企画を立てるような仕事	継続して実施する	慣れない企画だと時間がかかってしまう ➡間隔を空けずに実施する
社内の仕事なのか、社外の仕事なのか	組織外部への働き掛け	質を上げる	仕事の品質が低い ➡社内のチェック体制を整備する
	組織内部への働き掛け	効率化する	時間がかかり過ぎる ➡作成書類や会議を見直す

- 継続的にする仕事（毎月の出来高計算など）か、企画を立てて行うような仕事（新しい工事の計画など）か
- 組織の外部への働き掛け（関係官庁への届出など）が必要か、内部への働き掛け（社内稟議書の作成など）が必要か

　これらの違いによって、仕事に取り組む際の留意点や課題、改善策は異なる。仕事の中身に違いがあるにもかかわらず、同じやり方で取り組むと時間の無駄が生じる。

時間の使い方を振り返り、改善する

　時間をどのように使ったかを日ごと、業務ごとに振り返る行為は、時間を管理するうえで大切だ。そのために有効なのが、「投下時間分析シート」と「業務分析シート」だ（図4-21 ～ 23）。

図4-21　業務分析シート 使用例（定型業務）

氏名 ○○○○		記載日 ○年○月○日	

業務項目：出来高査定、請求書チェック

業務の目的：月次で出来高を正確に査定して、完成時の支出を正確に見通す

時期	具体的な業務内容	留意点	改善点
毎月20日	出来高を計測する	正確に計測する	土工事の場合、ドローンを活用する
25日	協力会社に当月出来高を連絡する	作業者の勤務状況と出来高をチェックして、大きな相違がないと確認する	出来高と勤務状況の一覧表を作成する
翌月5日	受け取った請求書を注文書や出来高で確認する	未払い、先行支出、完成時残存価値を算出する	システム化する
8日	収支予定調書（今後の支出と収入を予測）の作成	残工事費を正確に算出する	システム化する
10日	収支予定調書を本社に報告	予算との差異の解消方法を提案する	収支予定調書の勉強会を開く
12日	工事部会議の開催	個別工事の問題点を討議する	各自の発表を5分以内にする

「投下時間分析シート」は、時間帯ごとの仕事の内容や時間の使い方が効率的だったか否か、その理由を記載する。各仕事に対する時間の使い方を振り返り、改善点を把握する。

次に、業務ごとに「業務分析シート」を作成する。ある特定の業務ごとに、仕事の進め方（スケジュール）とその際の留意点や改善点を記す。このシートを作成しておけば、自分自身が次に同じ仕事をしたり、他の人が同じ仕事をしたりする際に、前回と同じミスを起こしにくくなる。

既に説明したとおり、継続的な仕事と企画を立てて行う仕事では、仕事の進め方が異なる。

そこで、**図4-21**のような「定型業務」（出来高査定や請求書チェックなど定期的に似た作業を繰り返すような業務）と、**図4-22**のような「非定型業務」（施工計画や予算の作成などその都度異なる条件の業務）とに区分けすると分析しやすい。

図4-22　業務分析シート　使用例（非定型業務）

氏名　○○○○　　　　　　　記載日　○年○月○日

業務項目：実行予算書の作成

業務の目的：正確かつ挑戦的な予算書を作成して工事原価を減らす

時期	具体的な業務内容	留意点	改善点
着工1カ月前	施工計画の作成	標準的な施工手順に加えて、創意工夫した施工手順を記載する	標準手順書を整備する
25日前	施工検討会の開催	VE提案を検討する	VE提案の勉強会を実施する
20日前	協力会社への見積もり依頼	1工種に対して3社から相見積もりを取る	工種別、地域別の協力会社リストを作成する
14日前	実行予算書の作成	積算単価、自社の標準歩掛かり、見積もり結果を参考にして、予算書を作成する	自社の標準歩掛かりを整備する
10日前	予算検討会の開催	見積もり漏れがないかを特に注意する	短時間で効率的に会議を行えるよう、参加者各自が事前に議題を検討してから会議に参加する
7日前	実行予算書の修正	挑戦的な予算書を作成する	適正な目標の設定基準をつくる

図 4-23　投下時間分析シート

工事名　●●工事							氏名　●●●●	
調査日：●年●月●日（●）　8:00～20:30								
開始時刻	終了時刻	業務内容	電話かけ	電話受け	効率的	非効率的	良い点	
8:00	8:30	朝礼 （安全当番のため司会進行）			○		安全当番としてキビキビと司会進行を行っていた	
8:30	9:00	仮設図作成		3		○	短い時間を活用して作図業務をしている	
9:00	10:00	現場からの呼び出しによる現場巡視、足場点検	1	4		○	テキパキと協力会社への指示を行っている	
10:00	11:00	測量		3		○	事前に現場確認をしていたため、効率的に測量をしている	
11:00	12:00	仮設図面作成、手順書作成		4	○		OJT担当が隣に座っており随時指示をしている。また業務に対して実施事項一覧表を作成し完了チェックをすることで安心して業務を行えている	
13:00	13:30	安全打ち合わせ			○		テキパキと司会を行っている 電子ホワイトボードを用いた会議が効果的である	
13:30	15:00	現地確認、写真撮影		3		○	現地確認、写真撮影をテキパキと行っている	
15:00	17:00	コンクリート打設立ち会い	5	5	○		バイブレーターのかけ方、投入位置など的確に指示している	
17:00	20:00	書類作成；施工図、手順書作成	1	3		○	効果的にCADを使用して作図をしている。	
20:00	20:30	勤務報告書作成				○	期限順守するため早めに作成している	
		合計	7	25				

［所感］
現場実務経験が短いため、書類作成時間が通常よりもかかっている様子である。会社として過去の実績書類や標準書を整備すべきだろう。また本来協力会社がすべき作業を自ら実施していることも見受けられる。

記録者氏名 ○○○○ 天候：晴れのち曇り		業務分類				
改善点等	本人の意見	事務業務／現場業務	1 共同業務／単独業務	2 突発業務／想定業務	3 企画業務／継続業務	4 社外業務／社内業務
雨天のため事務所にて朝礼を行っていたが、全員立って行うのがよい	より効率的に、かつ効果的な朝礼の実施方法を考えたい	事務	共同	想定	継続	社外
電話が頻繁にかかってきており作図作業に集中できていないようだ	なかなか集中して作業ができず、後回しになっており、協力会社に迷惑をかけている	事務	単独	想定	企画	社外
足場点検は協力会社に依頼してもよいのではないか	急な電話が多く、その対応に時間をとられている	現場	共同	突発	企画	社外
一部計算ができていないことがあり、現場で座標計算をしているため、時間ロスがあった	社内研修、書籍が参考になっている。またeラーニングが効果的である。ただしその分残業が増えている	現場	共同	想定	企画	社外
ICTツールを用いた写真整理や、自動追尾型測量機器の使用による業務の省力化を実施するのがよい	OJT担当上司にすぐに質問ができるので、とても助かっている	事務	共同	想定	企画	社外
職長の発表内容が不十分。事前によく確認をしておくべきである。安全パトロール結果をプロジェクターにて発表しているが、写真が暗くて後方では内容を理解しづらい	職長との意思疎通がうまくいっていない。午前中に簡単な打ち合わせをすべきであった	事務	共同	想定	継続	社外
安全看板取り付けは、協力会社の支援を得た方がよいだろう。写真撮影はICTツールを利用した方が効率的である	手元がおらず単独で動くことが多いので、現場業務（測量、写真撮影、出来高測定）が非効率的になることが多い	現場	単独	想定	継続	社外
コンクリート到着待ち時間など、ちょっとした空き時間にタブレット等で作業を進めるとよい	打設状況の写真を撮るのに、1人では時間がかかってしまう。	現場	共同	想定	継続	社外
協力会社とのCADシステムの統合を図ることで作図の二度手間がなくなり、効率的になる	CADシステムが慣れたものとは異なるので、使いづらい	事務	単独	想定	企画	社外
報告書の作成に手間取っており、より簡易な方法に見直すことが望ましい	社内書類が多く、そのために残業時間が増えているのが残念である	事務	単独	想定	継続	社内

一方、担当工区を責任をもって主担当として実施しており、協力会社からの信頼が厚い。勉強熱心であるため一つのことを多方向から確認したうえで、慎重に業務を実施していることが見受けられる。会社としてICTツールの導入や活用支援をすることで、さらなる業務の効率化が可能となる。

最後に、「投下時間分析シート」と「業務分析シート」を基に、業務ごとの時間の使い方について問題点と解決策を立案し、図4-24のような一覧表にまとめる。

効率の悪い仕事のやり方、無駄な仕事、質の低い仕事がどの部分にあるのかを明確にする。そのうえで、効率的に業務を行えるよう、改善していく。

図4-24 業務推進上の問題点・解決策の一覧

段階	問題点	解決策
営業段階	計画的に営業活動をしていない	タイムスケジュールを毎日作成する
設計段階	手戻りが多い	顧客との打ち合わせ（電話を含む）後、議事録を作成する
施工段階（対顧客）	変更が多い	変更の可能性があるものについてチェックリストを作成する
施工段階（対協力会社）	指示が伝わっておらず、手直しになることが多い	指示する場合は口頭ではなく、書面で伝える
施工段階（対社内）	会社方針からずれることがよくある	日報で上司に早めに相談する
施工段階（対近隣住民）	クレームによる施工中断が多い	毎月1回顧客訪問する
施工段階（その他）	手待ちになることが多い	3週間工程表を作成する
顧客訪問	顧客が不在であることが多い	1カ月前に訪問を予約する
クレーム対応	思い違いによるクレームが多い	取り扱い説明書を充実する

7. なぜうまくいかないのか

そうはいっても、なかなかうまくいかないという声は少なくない。以下にうまくいかない理由と改善案を改めて整理する。

❶ 工期が迫ると残業が増える

工期が遅れ、突貫工事になると、どうしても残業、休日出勤が増える。

かといって工期変更がままならないことがある。

この対策としては、工期末が集中しそうな時期（例えば年度末）に突貫工事が増すことを想定し、休日数を減らして閑散期に休日数を増やすことだ。そのように年間カレンダーを工夫する。事前に余裕をみて派遣会社に連絡し、人員を手配しておく。外国人の採用も検討しよう。

❷ 自分しか現場のことが分からないので休めない

現場に配置される社員が少ない小規模案件の場合、工事の内容を理解できるスタッフが自分1人しかおらず、その結果休日を取得できないケースがある。

対策は情報の共有化だ。自分が現場にいなくても、他の人が図面や協力会社の連絡先などを見られるようにする。そのためには、クラウドサーバーの活用、チャットシステムなどの情報共有化システムを導入し、関係者同士で情報を共有するとよい。

❸ 業者への連絡、電話が多い

現場で働く協力業者の数が多いと、現場の地図、工程変更、資材納期の確認などで連絡を取る機会が多くなる。そのため、電話がひっきりなしにかかるなどして仕事に集中できないことがある。

こんな場合、関連する協力会社の職長と共有のクラウドサービスを使用するとよい。クラウドサーバーやクラウドソフトに必要な共有データを保管すれば、協力会社は現場代理人を介さずにデータを確認できる。

❹ 作成すべき書類が多い

写真の整理、出来形書類、月末の出来高管理書類、安全書類、施工図、社内報告書類など作成や修正すべき書類は多い。残業の要因にもなる。

書類の統廃合や電子化は対策になる。タブレット型端末を持参し、現場の空き時間に書類を作成できるようにするとよい。

❺ 会議が多い

　発注者や協力会社とだけでなく、社内も含めて会議が多い。時間を要する例も多い。そこで、会議の統廃合やアジェンダ（議事次第）の作成による時間管理を行う。テレビ会議システムの活用も効果的だ。

❻ ICTシステムを導入しても使いこなせない

　ICTソフトやタブレット端末を導入しても、社員が使いこなせなければ宝の持ち腐れになる。そんな例は多い。ある調査によると、ソフトやタブレットを使えない最大の理由は、初期設定がうまくできない点にあるという。そこで、必要なソフト、アプリを事前に管理部門が導入して初期設定を行ったうえで、施工管理者に配布する。そうやって活用度を上げた事例がある。

❼ 妥当な給与水準が分からない

　残業を少なく、休日を多くし、作業を効率化する。この取り組みによって、給与や賞与の金額を引き上げられるようになる。では、どの程度の給与や賞与を支払えばいいのだろうか。

　一つの目途として、その地域の地方公務員並み、もしくはそれ以上を目指すとよい。その地域の代表者である公務員よりも、高い給与や賞与を支払えれば、社員に長く働き続けてもらえるはずだ。

第5章

安全に安心して安定して働きたい

第5章
安全に安心して安定して働きたい

1. 会社から大切にされているという実感

従業員が自主的に働く会社をつくるためには、3つの条件がある。

- 言いたいことが言える
- 会社から大事にされているという実感がある
- 会社は自分のものだという当事者意識（危機感、経営者意識）がある

自主的に働く人を育てるには「会社から大切にされている」という実感を、社員が抱いていなければならない。そのためには、安全、安心に、そして、安定して働けるようにしておく必要がある。安全とはけがや病気をしないよう守ってくれること、安心とは不安なく働けること、安定とは仕事の量と質が安定していることを指す。これら3つを満たして初めて、従業員が自主的に働く会社になる。

2. 安全な職場をつくる

安全を守る

　安全な職場をつくるために、従業員のけがを防げるようなリスクアセスメントを実施する。リスクアセスメントとは、これから行う仕事にどんな危険が潜むのかを事前に抽出して対策を立てる取り組みだ。対策は4段階に区分できる。

❶ 設計や計画の見直し
❷ 工学的対策（保護設備、手順の見直し）
❸ 管理的対策（PDCA）
❹ 個人用保護具、手順の順守

　❶「設計や計画の見直し」について解説する。工法や使用する機械を選択して、本質安全化を目指すような取り組みだ。例えば、足場から墜落する恐れがある場合には、無足場工法、大ばらしによる高所作業の排除・低減を行う対策を考える（図 5-1）。

　❷の工学的対策は、❶で危険性や有害性を除去できなかった場合に行う。例えば、ガードやインターロックを付けるような対策だ。足場からの墜落に関しては、手すり先行工法での手すりの設置や、交差筋交い、下桟に加えて上桟の設置、保護ネットの利用などが挙げられる。

　❸の管理的対策（PDCA）は、❷でも危険性や有害性が除去できなかった場合に講じる。PDCAとは、P（Plan）、D（Do）、C（Check）、A（Act）だ。それぞれ、計画、実施、点検、見直しを図る。足場からの墜落防止を例に挙げると、Planは、枠組み足場の組み立てに関する作業手順書の作成に相当する。Doは、その内容の従業員への教育や、全員に周知するために手順を記載した看板や表示だ。さらにCheckは、作業手順書を守って作業しているかどうかの確認。そしてActは、手順通りうまく仕事が進んでいない場合に手順書を見直す行為に当たる。

図 5-1　リスクアセスメントで課題と対策を抽出

一般的なリスクアセスメントのフロー	検討方法の内容

❶ 設計や計画の見直し

（例）工法の選択、使用する機械の選択

●機械・設備などの本質安全化の導入

❷ 工学的対策（保護設備、手順の見直し）

（❶で危険性または有害性が除去できなかった場合）
（例）ガード、インターロック、安全装置

●保護設備の使用
●機械・工具などの使用による作業方法の見直し

❸ 管理的対策（PDCA）

（❶、❷で危険性または有害性が除去できなかった場合）
（例）手順書、マニュアルの整理、教育指導、点検

P●作業手順のステップごとの急所を活用した対策
D●安全衛生教育などの実施
D●看板、標識の設置
C●計器の設置、点検の実施
A●手順の見直し

❹ 身近な具体的対策
（個人用保護具、手順の順守）

（❶～❸で危険性または有害性が除去できなかった場合）
（例）保護具着用の徹底

●保護具の着用、使用による防止対策
●手順の順守

［足場からの墜落防止の場合］

法令を順守すること

❶ 設計や計画の見直し
●無足場工法の採用、大組み、大ばらしによる高所作業の除去・低減

❷ 工学的対策（保護設備、手順の見直し）
●手すり先行工法による先行手すりの設置（手順の見直し）
●交差筋交い、下桟に加え、上桟の設置、保護ネットの設置（保護設備）

❸ 管理的対策（PDCA）
●P＝枠組み足場組み立ての作業手順書の作成、
　D＝教育、周知（看板、表示）、C＝点検、A＝手順見直し

❹ 身近な具体的対策（個人用保護具の着用、使用の徹底、手順の順守）
●墜落制止用器具の着用、使用の徹底　●作業手順の順守

　最後の❹に当たる身近な具体的対策は、❸までのステップで危険性、有害性を除去できなかった場合に選択する。保護具の着用を徹底し、作業手順を順守させるような取り組みが一例だ。実際には、墜落制止用器具の着

用や使用の徹底といった形でより具体的に取り組む。

　次に、「通勤時に社員が交通事故に遭う」と想定してみよう。この場合、どのような対策が適切なのだろうか。

　まずは❶の設計や計画の見直しでは、車による通勤をやめて現場近くに宿舎を借りる（リスクの除去）、複数のメンバーで同じ車に乗り合わせて通勤し、運転者の運転時間を減らす（リスクの低減）という対策が効果的だ。

　❷の工学的対策でみると、車に自動接触防止装置を設置するのはお勧めの対策だ。事故に遭っても乗車しているスタッフに及ぶ影響を抑制できるように、エアバッグやシートベルトの整備は怠らない。頑丈な車を選ぶことも検討に値する。

　❸の管理的対策については、Plan で運転の手順書を作る。また、Do でそれを従業員に教育して運転席に手順の貼り紙をし、障害物への接近時に警報が鳴る車を配備する。Check では運転手順書通りの運転ができているか否かを確認。さらには運転前に呼気のアルコール分を確かめる。Act で手順書通り運転できないと確認できれば、手順書を見直す。

　最後に❹の身近な具体的対策は、シートベルトの着用を徹底するといった取り組みに相当する。

　実際の現場では、❸と❹の対策だけを講じている例が少なくない。本質的な安全を目指すためには、❶と❷の対策も欠かせない。

衛生を守る

　衛生を守るとは、病気などのリスクを減らすということだ。健康な状態を保ちながら働ける職場環境をつくる取り組みが重要になる。そのためには、以下のように就業規則や各種規定を活用した衛生・健康制度を整備しておきたい。

●出産や子育て、病気治療、介護と仕事の両立などを可能にする新しい就業規則や規定の整備

- 社内外におけるハラスメントの対策を実施
- テレワーク（在宅勤務）、副業・兼業の推奨や容認
- 役職定年制など組織の硬直化を防ぐ対策
- 定年延長および再雇用に関する規約の整備
- 高齢者や外国人の雇用と活用に関する取り決め

　これらの制度の整備は、働きやすい環境を生み出す。そして、業務と家庭との両立などで悩んだり疲れたりするリスクを抑え、健康な職場の実現に寄与する。

3. 安心して働けるような環境整備

業務の手順が明確で書式が整備されているか

　若手社員が先輩社員から「現場で写真を撮影してきてほしい」と指示を受けたとする。若手社員は自分の判断で写真撮影したものの、後から現場に来た先輩に、「そんな撮影の仕方ではだめだ」と注意されてしまった。

　こんなとき若手社員は、「はい。分かりました」と言うかもしれない。だが、心の中では「それなら最初から具体的な指示をしてほしい」と感じるだろう。先輩や上司からの指示が不明確であれば、その下で働く社員は安心して働けなくなるのだ。

　また、先輩社員が若手社員に作業手順書を作るよう指示したとする。若手社員は自分で考え、苦労して手順書を作ったが、手順書を見た先輩が「何だ、この手順書は。大事なポイントが抜けているじゃないか」と怒ってしまった。こんな場合でも「はい。分かりました」と言う若手社員は少なくないだろう。だが、心の中では「それだったら、そのポイントを最初に言ってほしい」と思っているに違いない。これでは先輩からの指示で行う仕事には安心して取り組めない。

　では、このような場合に先輩社員はどのように指示を出せばよいのだろ

うか。「この写真手順書に沿って現場で写真を撮影してきてほしい」「今から作業手順書を作ってほしい。2カ月前に別の工事で同様の作業手順書が作成されている。会社のサーバーに入っているから、サーバーから過去の作業手順書を取り出して、それを参考にして今回の作業手順書を作るように」。こんなふうに指針となる例がある具体的な指示であれば、若手社員は安心して作業に取り掛かれる。

　明確で具体的な指示が大切だ。過去の施工計画書、手順書、実行予算書、工程表を参考にすることは、若手社員が安心して作業できる環境をつくるだけでなく、過去のノウハウや知っておくべき知識を伝授する機会にもなる。

自分の業務の難度は適切か

　若手社員が先輩社員に指示された業務が、あまりにも自分の能力を超えていると、やはり安心して作業を進められない。逆に、自分の能力よりも簡単過ぎる作業ばかり指示されると、自分は成長しないのではないかと不安になる。

　これを防ぐためには、1年後、3年後、5年後にどのような能力を身に付けてほしいのかを明確にし、そのために必要な教育を記した資料が役に立つ。「個人別キャリアプラン」を作成し、その人の能力に合う仕事を先輩が指示するようにするのだ（**第8章図8-17参照**）。

就業規則やカレンダーを社員に合わせて変えているか

　社員の事情は各自で異なる。例えば、勤務時間が長くても給料がたくさん欲しい社員、給料が安くても勤務時間は短い方がいい社員、介護に追われる社員、子どもが小さい社員などさまざまな状況がある。これらの各社員の状況を個人カルテ（**図5-2**）にまとめ、それを基に対応すれば、各社員が安心して働ける。さらに、社員の状況に応じた就業規則の変更も考えるべき対策だ。就業規則を何年も変更しない会社は、「働き方改革をしていな

図 5-2 個人別の特性を把握しておく

観察の ポイント	Aさん	Bさん	Cさん	Dさん	Eさん
困っていること	両親の介護	子どもの病気 が悪化	残業が多い	妻が入院中	育児で妻の 負担が大きい
成功体験	営業 NO.1	利益率 NO.1	●●の案件を 無事に竣工	奨励賞の受賞	利益率アップ
得意分野	新規開拓	交渉力が 高い	提案力が高い	プレゼン	公共工事
苦手分野	クレーマー 対応	部下育成	緊急対応	資料作成	民間工事
将来挑戦 したい仕事	法人営業	大規模工事	新規事業の 立ち上げ	設計業務	営業
性格、特徴	独断	納得しないと 動かない	スピード重視	周りと相談	責任感に 欠ける
やりがいを 感じること	数字を上げる	人を喜ばせる こと	未知の仕事	チームで 働くこと	顧客の喜び
休日の 過ごし方	介護	読書	旅行	釣り	育児
家族や友人な どの人間関係	兄弟と疎遠	奥さんの愚痴を よく言う	子どもとあまり 話せない	良好	子どもと仲よし

い」会社である。

　定期的にES アンケート（図 5-3）を実施して、社員がどの点に不満を感じ、どの点に働きにくさを感じているかを知ることも肝要だ。就業規則や規定の変更も検討する。同じ内容のES アンケートを継続して実施すれば、社員の満足度を定点観測できる。これによって、改善点の明確化が容易になる。

　休日カレンダーは、各社で作成しているはずだ。しかし、多くの会社の休日カレンダーは1年分だけ。翌年の勤務カレンダーは不明確だ。その結果、年末などの休暇の取り方に制約が出てくると感じる人も出てくる。そこで、少なくとも2年分の休日カレンダーを作成することを勧める。

図 5-3　ES アンケートで定点観測を

年齢　（20 歳代　30 歳代　40 歳代　50 歳代　60 歳代）
部署　（工事部　営業部　総務部）

Q1. あなたは現在の仕事に対して、総合的にどのくらい満足していますか
（1 カ所にチェック）
□ 満足　□ やや満足　□ やや不満　□ 不満

Q2. 現在の仕事に対して「Q1」と回答した理由をお書きください。
理由

Q3.
以下の項目は、あなたの考えにどのくらい当てはまりますか（各行 1 カ所ずつチェック）

	当てはまる	やや当てはまる	あまり当てはまらない	当てはまらない
仕事にやりがいを感じている	□	□	□	□
仕事内容が自分に合っている	□	□	□	□
スキル・能力が身に付く仕事環境である	□	□	□	□
社員教育・キャリア開発などの制度が充実している	□	□	□	□
仕事に集中しやすい現場環境である	□	□	□	□
社内の人間関係は良好である	□	□	□	□
評価制度に納得感がある	□	□	□	□
仕事と私生活のバランスが保たれている	□	□	□	□

Q4. 今後も現在の職場で働き続けたいと思いますか（1 カ所にチェック）
□ 働き続けたい　□ やや働き続けたい　□ あまり働き続けたくない　□ 働き続けたくない

Q5. 職場に対して悩みや要望がありましたら、ご自由にお書きください。

新人の給与は本社経費に

　建設業では、現場でかかる費用は現場経費として計上するルールがある。そのため、新入社員の給与も現場経費になる。当然、現場の責任者は給与に見合う仕事をしてほしいと思うだろう。だが、それは容易ではない。加えて、その期待が新人社員にとっては大きなプレッシャーとなる。

　そこで、最低でも入社後の1年間は、新入社員の給与を「教育費」として、

本社経費とすることを検討してほしい。そうすれば、上司はあせらずにじっくりと腰を据えて育成しようと思うだろう。新入社員も安心して働けるようになる。

協力会社を大切にしているか

建設業は、建設会社と協力会社が一致団結して建設物を造る業界だ。つまり、協力会社と自社とは、共存・共栄の関係にある。そのため、自社の繁栄だけでなく、協力会社を大切にしなければならない。

ところが、協力会社に対して厳しい要求をする会社がある。厳しい金額での作業、厳しい環境での作業などの要求だ。そんな様子を見て、この業界が安心して働ける環境だと感じる若手社員は多くない。一緒に働く協力会社を大切にして働く姿勢は重要だ。

以下のような点に注意する。

- 協力会社に対する支払い期間を30日から20日間にする。
- 協力会社のスタッフと定期的に食事を共にする。
- 一方的な見積もりの作成を要求せず、見積もりの提出希望者だけに提出してもらう。
- 一方的な交渉はしない。
- 自社で積算し、協力会社からの見積金額が積算結果と同額かそれよりも低ければ金額の交渉を行わない

経営陣（経営者、役員間）の方針、方向性が一致しているか

経営者や役員の間の方針、方向性が一致していないと、社員はどちらを向いて仕事すればよいのか分からなくなる。会社によって、社長派とか専務派という派閥ができると、どちらにつけば有利かなどと無駄なことに労力や思考を割かなければならなくなるからだ。これでは安心して働けない。経営陣が一丸となって会社の経営に取り組み、方針や方向性を一致させた姿を社員に見せなければならない。

4. 業務の平準化で安定して働ける

仕事の谷間を埋める新規事業

　平均的な建設会社では、春から夏は仕事が少なく、秋から冬に仕事が多い。図5-4にもあるように、繁忙期と閑散期の仕事の量の差が約2倍に達する建設会社は多い。谷間を埋める新しい仕事を受注し、繁忙期の仕事量を減らせれば、業務の平準化を実現できる。

　業務を平準化する目的は、2つある。1つは品質の確保で、もう1つは、担い手の中長期的な育成・確保だ。あまりにも忙しい時期が存在して人手不足に陥れば、品質の確保が困難になる。さらに、忙しい時期と暇な時期の差が大きくなると、中長期的には社員の働く意欲が低下してしまう点には注意を要する。

図 5-4　忙しい時期は仕事量が2倍に
[1. 平準化の目的は品質と担い手育成・確保]

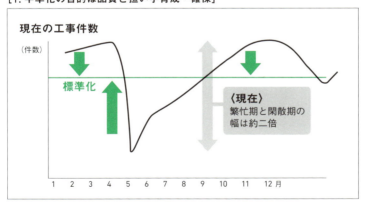

　仕事を平準化すれば、以下の5つの効果を期待できる。

- 人材・機材の実働日数の向上
- 技術者・技能者の処遇改善
　（年間を通して働ける環境づくり、休日の確保、賃金水準の向上）

- 建設生産システムの改善（生産性の向上）
- 品質確保、建設現場の安全性の向上
- 建設業の機械保有などの促進、災害時の即応能力の向上

平準化対策

それでは、どのようにすれば業務の平準化を進められるのだろうか。対策は3つある（図5-5）。

1 閑散期に受注する
2 繁忙期から閑散期に施工時期をずらす
3 供給を需要に合わせる

図 5-5　平準化実現に向けた3つの対策
[2. どうすれば平準化を進めることができるのか]

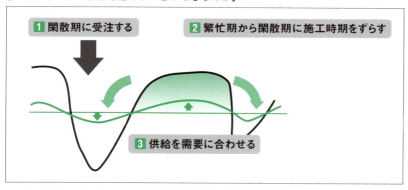

閑散期の受注方法

まずは閑散期の受注方法を考えてみる（図5-6）。売上高は、「客数」×「客単価」×「購入頻度」だ。

つまり、売上高を上げるためには、「客数」「客単価」「購入頻度」をそれぞれ高めればよい。「客数」を高めることを、「成長戦略」という。客数を増やせば増やすほど成長するからだ。客数を増やすには、「地域の拡大と拠点の展開」「事業の多角化や総合化」「新規事業や新商品の開発」「営業ネットの

拡充」「営業方法の多角化」という方法がある。

「客単価」や「購入頻度」を増やす取り組みを「安定戦略」と呼ぶ。同じ顧客から多くの売り上げを確保するという戦略だ。具体的には「リピート受注戦略」「施工力アップ戦略」「ブランド戦略」といった方法が挙げられる。

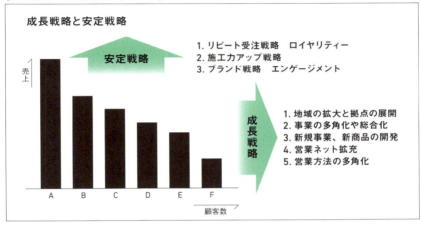

図 5-6　閑散期の受注方法
[3.閑散期の受注方法を考えよう]

5. ダイバーシティ(多様性)を受け入れる

ダイバーシティ(多様性)の考え方を会社で受け入れるには、心理的安全性が高い職場にしておく準備が必要だ。建設業界での多様な人たちとは、主に女性、障がい者(身体、知的、精神)、高齢者である。

建設業界では、長年これらの人たちを十分に受け入れてこなかった。そのため受け入れ側が慣れておらず、こうした人たちと一緒に働くために必要な知識や心構えが伝わっていないケースが多い。この問題については、伝える側の力量不足によるところが大きい。多様な人たちを受け入れるには、伝える側の力量を上げる必要がある。

例えば、身体障がい者の場合を考える。ほとんど視力がない人や、聴力が極めて弱い人などを受け入るためにはどうすればよいのだろうか。ほとんど視力がない人の感覚を知るには、アイマスクをして現場を歩くといいだろう。耳が聞こえる人にとっては、「キーン」と「ドーン」の音の違いは容易に分かる。だが、これを聴覚が不自由な人に口頭で説明するには相応の説明力が要る。この力量を高めていかない限り、身体的な障がいがある人の受け入れは難しい。

　知的障がい者の場合も説明の手法が大切だ。例えば、コンクリートがなぜ固まるのかを幼い子どもに伝えるとき、水和熱や凝固などという言葉を使っても理解は困難だ。こうした専門用語を誰でも分かる言葉にかみ砕いて表現できれば、知的障がいを持つスタッフを受け入れやすくなる。

　精神的な障がいを持つ人の場合は、精神的に敏感な人と理解して接する考えが大切だ。例えば、すごく大柄の人から怒鳴られた際、鈍感な人はそれほど恐怖を感じないかもしれない。だが、敏感な人は、一般の人よりもはるかに大きな恐怖や恐れを感じるに違いない。人には感じ方の違いがあるという点を踏まえながら、多様性を受け入れることも大切だ。

　次に、高齢者や若者の場合。人は年齢に応じて感じ方に違いがある。例えば、忘年会に参加したくない若手社員は多いだろう。ベテランになるとITに弱い人が増えてくるケースも珍しくない。ベテランの価値観を若手に押し付けてもうまくいかない。その逆もまた同じだ。

　最後に男女の多様性について説明する。現状の建設業界は男性が圧倒的に多い。女性が働くという状況を検討する際は、女性の気持ちになって考える必要がある。男性が1人で女性100人に取り囲まれれば、居心地が悪いと感じる人もいるだろう。私は長く建設業界で働いていた。女性に囲まれて働く状況を想像するだけで、緊張してしまう。この気持ちを理解することが、男女の多様性を受け入れることにつながる。日経コンストラクション2018年11月12日号の記事で紹介された建設の仕事に従事する女性の声を参考に、女性との向き合い方のポイントをまとめる。

「過剰な期待はやめてほしい」

現場に女性が入職すると、上司は張り切る。そして「未来の女所長だ」「女性なのに土木を選ぶなんて、熱心に違いない」などと上司が言う。このような過剰な期待は、プレッシャーになる恐れもある。

「過剰な特別扱いはやめてほしい」

出産後に働く女性技術者から、「時短勤務になった途端、客先や他部署とやり取りのある仕事を任せてもらえなくなった」という意見が出た。これでは事務作業や雑用のような仕事ばかりで、やりがいを感じにくい。同僚へのしわ寄せに負い目も感じる。上司は配慮のつもりでも、過剰な特別扱いはかえって部下が働きにくい環境を生み出す。女性の優遇は男性の反感を買うこともある。男性の育児休暇を奨励するなど、不平等感を減らす工夫も大切だ。

「目を見て話してほしい」

「誰も目を見て話してくれない」。女性技術者への対応が慣れないため、男性上司は、女性技術者と目を合わせられないという。分からないことを質問すれば答えは返ってくるものの、視線は常にパソコンの画面か足元に向いている。「土木で働く以上、現場の汚さなどはある程度、覚悟していた。でも、周りとのコミュニケーションにここまで悩むとは思っていなかった」。視線ひとつでも、こうした気持ちにさせてしまうことは心に留めておきたい。

「何でもピンクはやめてほしい」

女性用の仮設トイレや作業着、採用をアピールするポスターなど、女性活躍推進に関わる商品では、何かとピンクが強調されがちだ。「いかにもおじさんが作った感じがする」という意見もある。「女性はピンクが好き」などの考えは安直だ。建設業でも、女性の意見を取り入れずに女性向け製

品の開発を進めた結果、不評に終わったケースは珍しくない。女性用ヘルメットや作業着がピンクでは「ダサピンク現象」と呼ばれてしまう。

　女性が現場に入ってくるようになって、迎え入れる側の気持ちが過剰になることはよく理解できる。しかし、一言で女性技術者といっても千差万別だ。上記のように「やめて」と思う人がいると思えば、「期待してほしい」「気を使ってほしい」「ピンクが好き」という女性もいるだろう。十把一絡げにするのではなく、相手の話をよく聞いて、各個人に合わせた対応が必要だ。

　「日本でいちばん大切にしたい会社」の著者として有名な坂本光司氏は、人を大切にする会社チェックリストを作成している。**図 5-7**は、これを建設業向けに一部改変したものだ。

図 5-7　人を大切にする会社チェックリスト（建設業版）

❶ 社員に関する指標	○×
1	過去 5 年以上、社員数が維持・増加している	
2	過去 5 年以上、人員整理など（リストラ）を一切していない	
3	過去 5 年平均の正社員の転職的離職率は 3％以下である	
4	過去 5 年以上、重大な労働災害は発生していない	
5	定期的に労働条件や就業環境などに関する社員満足度調査を外部に依頼し、その満足度は常に 70％以上である	
6	毎年、経営者または部門の最高責任者が、社員一人ひとりの要望・意見を聞くための個別面談を勤務中に実施している	
7	過去 5 年以上、サービス残業は一切させていない	
8	社員が自社株を保有できる制度があり、血縁のない社員出身の取締役がいる	
9	財務内容など主要な経営情報は全社員に毎月公開し、理解を深めている	
10	社員 1 人当たりの月間平均所定外労働時間は 10 時間以下である	
❷ 社外社員（仕入れ先や協力会社）に関する指標	○×
11	過去 5 年以上、仕入れ先や協力会社に対し、一方的なコストダウンを要求していない	
12	発注単価は仕入れ先や協力会社の経営も十分考えた適正単価に設定している	
13	取引依存度が 70％以上ある仕入れ先や協力会社の業績は大半が黒字である	
14	仕入れ先や協力会社への支払いは手形ではなく現金での決済である	

15	代金を締めた後の支払いは 20 日以内である
16	仕入れ先や協力会社に対して十分な研修機会や情報共有機会を設けている
17	既存の仕入れ先や協力会社に知らせずに競合社への見積もり依頼をしていない
18	過去 5 年間、仕入れ先や協力会社に対して依頼していた業務を、自社の都合で自社処理に変えていない
19	仕入れ先や協力会社に対し、可能な限り安定発注を心がけている
20	仕入れ先や協力会社に対し、接待などは一切させない

❸ 現在顧客と未来顧客に関する指標 〇×

21	過去 3 年間のリピート客の比率は 90％以上である
22	顧客の 80％以上は口コミ客、紹介客である
23	組織図は社員が最上位の逆ピラミッド型である
24	過去 3 年間、工期順守率は 99％以上である
25	見積もり作成、企画の立案などを求める未来顧客に親切丁寧に対応している
26	顧客からの苦情を吸い上げる仕組みがあるとともに、顧客を感動させる制度が 3 つ以上ある
27	顧客情報は全社員が共有しており、顧客からの感謝の手紙などが同業他社と比較して多い
28	過去 3 年間、工事に対するクレーム率が 1％以下である
29	過去 5 年間、新規顧客数が増加傾向にある
30	顧客からのクレーム情報は、即座にトップまたは部門長にまで上がって対処する仕組みが機能している

❹ 高齢者、女性、障がい者に関する指標 〇×

31	定年（雇用確保措置）年齢は 66 歳以上、または定年がない
32	65 歳以上の求職者にも就業の機会がある
33	高齢者の給与、労働条件などは定期的に本人と十分に相談して決めている
34	女性管理職が全管理職の 20％以上である
35	過去 3 年以内に障がい者の業務を創出し、障がい者を新たに雇い入れている
36	障がい者雇用率は過去 3 年間、法定雇用率を上回っている
37	障がいのある社員の雇用は、正社員雇用を基本とし、個人の希望や就業力に応じた多様な雇用形態を用意している
38	障がい者の賃金は、ほぼ全員が最低賃金を上回っている
39	障がい者の定着率は過去 3 年間、おおむね 90％以上である
40	障がい者の就労施設などの活動を日常的に支援している

❺ 経営者に関する指標 〇×

41	経営者は常に経営理念の体現者としての言動をしている
42	経営者は社内の誰よりも勉強家、努力家である
43	不況時には経営者が他の誰よりも率先して大幅に役員報酬を削減している
44	経営者は自らの引退時期を定めている

45	経営者は意思疎通を図るために、全社員との飲みニケーション（食事会など）に積極的に参加している	
46	おおむね 10 年計画で事業継承に備えている	
47	経営者は常に耳の痛い苦情や情報を聞く場や入手する仕組みなどを持っている	
48	後継者の選定に関し、社内外に的確な意見を言ってくれる相談者がいる	
49	経営者または部門の責任者は、全社員の名前はもちろん、その家族構成や生活状況をおおむね知っている	
50	公認会計士（税理士）や経営コンサルタント、社会保険労務士、弁護士などの経営専門家との固有名詞レベルでの人的ネットワークがある	

❻ 社員の確保、育成、評価に関する指標　〇×

51	社員 1 人当たりの人材育成経費は、年間 10 万円以上、または総実労働時間に占める研修時間は 5％以上、年間 100 時間以上である	
52	社員一人ひとりのキャリアプランが確立されており、それに基づく教育訓練が行われている	
53	社員の資格取得奨励制度や自己啓発支援制度がある	
54	定期的（含む数年に 1 回）に新規学卒者を採用している	
55	ほぼ全社員が人材の確保に直接的、間接的に関与している	
56	採用で重視するのは才能や出身大学などではなく、「理念に共感する」「利他（他人の幸せ）の心が強い」だ	
57	性や出身、さらには国籍などを一切問わない採用が基本である	
58	社長の評価配分点は 20％程度以下である	
59	管理職の評価は部下を育成したか否かが重要である	
60	昇給評価、昇格評価、賞与評価のそれぞれの基準があり、オープンになっている	

❼ 福利厚生等に関する指標　〇×

61	就業規則や退職金制度、さらには社員にとって必要な諸規定は全て、書面として整備されている	
62	企業主催の懇親会行事が年 5 回以上開催され、社員の自主的な参加率は 70％以上である	
63	企業内に社員が食事や休息、リフレッシュできる快適空間がある	
64	出産や子育て、入院時などに社員をサポートする独自の制度が 3 つ以上ある	
65	社員や家族のためのメモリアル休暇制度や 5 日以上連続して取得できるリフレッシュ休暇制度がある	
66	時間単位の有給休暇制度があり、その利用実績がある	
67	育児を支援する独自の支援制度があり、復帰希望者の育児休暇後の復帰率が過去 3 年間の平均で 90％以上である	
68	全社員の過去 3 年間の年次有給休暇の平均取得率が 70％以上である	
69	社員が病気や事故で就業不能になっても、1 年以上の現金支給や社員死亡後にその子どもが大学を卒業するまで補助金を支給する制度など手厚い福利厚生制度がある	
70	社員や社員の家族などのメモリアルデーには、会社としてメッセージやプレゼントなどを届けている	

❽ 社会貢献活動に関する指標　〇×

71	地域文化向上や慈善活動のため、毎月おおむね経常利益の 1％以上の金額（含む人的貢献）を地域団体や地域社会、国内外に実質寄付している	

72	地域社会に対する会社としてのボランティア活動を定期、不定期を問わず実施している（除く清掃活動）	
73	社内だけでなく会社周辺の清掃活動を定期的に実施している	
74	学校からのインターンシップを積極的に受け入れている	
75	会社の施設を地域住民や地域団体に対し、無償あるいは実費で貸し出している	
76	地域内外の大災害に対して、現地に出向いて支援したり、会社の施設を提供したりするなど積極的な支援制度がある	
77	地域住民や教育機関などの企業見学の要望を積極的に受け入れている	
78	地域貢献といった会社主催のイベントなどを定期的に開催している	
79	社会貢献活動を会社経営における重要な活動と戦略的に位置付けている	
80	ボランティア休暇制度があり、過去3年間に複数の社員が取得している	

❾ 中期経営計画、経営理念などに関する指標　〇×

81	全社員が参画して策定した中長期経営ビジョンがあり、その内容を全社員が知っている	
82	中長期経営ビジョンが計画倒れにならないように定期的なチェックシステムがあり、機能している	
83	中長期経営ビジョンは全体計画、部門計画だけでなく、個人の計画などにまで落とし込まれている	
84	中長期経営ビジョンの成長計画は、意識的に前年比20%以上にはしない	
85	過去5年間の計画に対する平均達成率は90%以上である	
86	明文化された経営理念などがある	
87	朝礼などは勤務時間内に行われ、1週間に1回以上はその時間が30分以上に及ぶ	
88	経営理念には社員5人（社員とその家族、協力会社の社員とその家族、顧客、地域社会、株主）の幸せが感じられる	
89	経営理念に基づいて経営計画などが策定されている	
90	経営理念に共感・共鳴して入社する社員が多い	

❿ 経営全般に関する指標　〇×

91	業績軸（株主満足度）ではなく、幸せ軸（社員、顧客、地域社会の満足や幸せ）を基本とする経営が行われている	
92	自社独自の情報システムが構築され、機能している	
93	社内の業務遂行に必要なコミュニケーションは口頭（直接）を主として，メールなどは従の扱いだと関係者に伝えている	
94	研究開発、新業態開発、新市場開発、そして新サービス開発などを日常的に行っている社員が、全社員数の10%以上いる	
95	総資本対自己資本比率は50%以上である	
96	過去5年間の売上高経常利益率はほぼ5%以上である	
97	内部留保金が年間人件費総額を上回っている	
98	本社社員（総務、人事、経理など）の比率は、全社員数の5%程度以下である	
99	社員の多くが子どもや後輩に自社への入社を勧めたいと思っている	
100	自社の生産、販売活動に伴う地球環境への配慮を年々拡大している	

6. なぜうまくいかないのか

❶ツールの導入だけでは難しい

働き方改革を実現するには、制度の構築や見直しが不可欠だ。しかし、制度さえ導入すれば改善できるという甘いものではない。そうした思い込みは、無駄なツールや制度の導入による現場の混乱を招き、業務を悪化させかねない。

例えば、多くの企業で利用が進むタブレット端末の導入で説明しよう。タブレット端末は、スマートフォンよりも処理能力や視認性が高く、操作方法も簡単で教える手間も少ない。

いかにも業務の効率化に役立ちそうだが、導入時に活用場面や活用による効果などを十分に検討していないケースは少なくない。タブレット端末には、報告書が作成しにくいという欠点もある。下手な導入プロセスでは、従前のように帰社してから報告書を作成する羽目になる社員が続出しかねない。

❷現場と改革手法が乖離

全社でプロジェクトチームをつくり、働き方改革に取り組んでいる企業では、この問題は少ない。しかし、人事部門や総務部門が主体となって進める働き方改革では、こうした問題が起こりやすい。

人事部門や総務部門は、自らの専門知識や経験に基づき、人事制度の整備を軸に改善を進める。人事制度の改善は重要であるものの、それだけで働き方改革が完結するわけではない。現場の業務に精通していない人事部門だけでは、小さな変化しか生まれなかったり、逆に現場で使えない制度が増えてしまったりする結果に陥る恐れがある。

❸旧態依然とした社内風土

働き方改革で最も多い失敗要因が、旧態依然とした企業文化や風土だ。

働き方改革という大号令の下、柔軟で多様なワークスタイルを目指して時短勤務や在宅勤務（テレワーク）などの施策を導入・実施しても、制度が使いにくければ利用は進まない。

残業時間を減らそうと号令がかかっても、やるべきことが多くて家に帰れないなどという話は珍しくない。有給休暇を取れと言われて取得してみたら直属の上司がいい顔をしなかったというケースもあるだろう。

従来と同じ考え方では、働き方改革は成功しない。制度だけが用意されていても、働き方が変わらなければ"絵に描いた餅"だ。

❹ PDCAで解決しよう

ツールの未浸透、現場と本社との乖離、古い企業風土という3つの問題を解決しながら、制度改革をどのように進めればよいかを考えてみる。ここではPDCAサイクルを用いた失敗しない改革の進め方を示す。

制度や手順のPlan（計画）の段階で重要なのは、現場を理解し、業務を熟知した担当者をメンバーに加えることだ。人事制度の変更や、ICTの選定なども、現場の社員の要望をかなえれば、施策やツールの利用が進む。そして、働き方改革が全社に浸透する。

制度運用時のDo（実施）の段階で重要なのは、管理者の意識の変革だ。経営者は、その意識改革を支援する必要がある。経営者、管理者向けの意識改革研修の実施も欠かせない。

制度の運用状況を確認するCheck（点検）では、短期的な成果を求めず、長期的成果を期待することが重要だ。1カ月単位の残業時間低減といった短期的な目標の未達にとらわれ過ぎず、半年、1年単位で目標を達成できるように構える。長い習慣となった働き方を変えることは、当事者である社員には大きな負担となる。成果を急いで、矢継ぎ早に改革を進めるのではなく、できるだけ現場の負担を減らすような長期的な計画策定を支援する評価が必要だ。

見直し段階のAct（改善）では、頻繁に現場の声を聞いて施策を改定する。

タブレット端末の利用率が上がらなかった事例では、初期設定（ID、パスワードの設定）と必要なアプリのインストールを済ませてから配布して利用率の大幅な改善に結び付けた。

　目的やビジョンを持つことも大切だ。改善を進めるうちに、当初の目的やビジョンを忘れ、施策の実施が目的となる本末転倒なケースが生じることがあるからだ。改善策が当初の働き方改革の目的とビジョンに沿った内容か否かを常に意識する必要がある。「制度より風土」と心得るべきだろう。

第6章

仲良く働きたい

第6章
仲良く働きたい

1. 職場が「安全基地」になっているか

　自転車に乗って遠い所まで冒険ごっこをしに行く子どもがいる。高い木の上から池に飛び降りる危険な遊びをする子どももいる。そんな子どもの共通点は、家庭が温かいということである。

　冒険ごっこをして迷子になっても、「きっとお父さんやお母さんが迎えにきてくれる」と思うからそんな遊びをする。高い所から飛び降りてけがをしても、「きっとお父さんやお母さんが病院に連れて行ってくれる」と考えるからそうした遊びをするのだ。

　このような、子どもにとっての親の存在を「安全基地」という。子どもは、親との信頼関係によって育まれる『心の安全基地』の存在によって、挑戦が可能になる。そして、戻ってきたときに喜んで迎えてくれると確信するからこそ、その安全基地に戻ってくる。

　これは建設会社にも当てはめられる。現場の担当者が、新しい工法や新

しい技術、新しい協力会社に仕事を発注したいと考えたとしよう。それを、本社の部長や社長に相談した際に、部長や社長から「思い切ってやってみろ。うまくいかなくても私たちが最大限フォローするぞ」と言われれば、現場の担当者は思い切って挑戦できる。チャレンジがうまくいけばもちろんのこと、うまくいかなくても、担当者は成長し、やる気も向上するに違いない。このような場合、現場にとって本社や上司は「安全基地」の役割を果たしている。

一方、現場の担当者が新しい工法や新しい技術、新しい協力会社と仕事をしたいと思ったときに、本社の部長や社長から「やるのは勝手だが、失敗したらお前の責任だ」と言われれば、誰も挑戦しないだろう。担当者の成長機会は奪われ、やる気も下がる。このような場合、本社や上司は現場にとって「安全基地」として機能していないのである。

社員は、会社の社長や上司との信頼関係によって育まれる『心の安全基地』の存在によって、新しい仕事や困難な仕事に対応できるようになる。万一の場合は社長や上司が支援してくれると確信すればこそ、完成に向けて工事の業務にまい進できるのだ。

2. 社内に心理的安全性があれば生産性が上がる

心理的安全性とは、安全基地内にいると感じる気持ちだ。メンバーの一人ひとりが安心して、自分らしくそのチームで働けることである。自分らしく働ける場とは、自己認識、自己開示、自己表現できる環境を指す。

ゲイリー・ハメルはその著書の「経営は何をすべきか」において、能力のピラミッドを解説した。ここでは次のような6段階のレベルを設定している。

レベル1：従順　　レベル4：主体性
レベル2：勤勉　　レベル5：創造性
レベル3：専門性　レベル6：情熱

心理的安全性が高まると、レベル4の主体性、レベル5の創造性、レベル6の情熱を、それぞれ引き出せるようになる。一方、心理的安全性が低い会社では、レベル1の従順、レベル2の勤勉、レベル3の専門性といったレベルにまでしか到達しない。

心理的安全性が高い担当者は、現場を任されると、「主体的」に現場の問題を解決し、「創造性」を発揮しながら新工法を活用し、情熱を持って完成を目指す。その結果として、現場の生産性が向上する。

一方、心理的安全性が低い担当者が現場を運営すると、当初設計や上司の指示通りに、「従順」で「勤勉」に工事運営をする。もちろん、自らの「専門性」を高めようとはするだろう。しかし、新たな挑戦には至らないはずだ。結果として、生産性は上がらない。

生産性に寄与する心理的安全性が高い建設会社は少ない。むしろ、低い建設会社が多い。心理的安全性が低くなる原因は4つある。

1つ目は無知だと思われる不安だ。「こんなことも知らないのか」と言われるのではないかと思うと、先輩や上司に聞きづらくなる。「どんな内容の質問をしても大丈夫だ」と積極的に伝えることが大切。「聞いてもいいんだ」という安心感を生み出すのだ。

2つ目は無能だと思われる不安だ。「こんなこともできないのか」と叱責されると思うと、新たな事への挑戦を躊躇してしまう。思い切って「チャレンジ賞」や「失敗賞」を創設し、チャレンジや失敗を認めるというのも一案だ。チャレンジ精神の醸成は大切にしたい。

3つ目は邪魔だと思われる不安だ。人は「自分はこの現場にいる意味があるのか」と感じると、言葉を発せなくなる。そこで、例えば上司や職長の議論を遮って発言してもよい旨を積極的に伝え、「会議やミーティングで発言してもいいんだ」と思える安心感を醸成する。

残りの1つは批判的だと思われる不安だ。上司や先輩から「私を批判しているのか」と言われるのではないかと思うと、言いたいことが言いにくくなる。会議やミーティングで、「何を言っても許される」と思える職場の

雰囲気をつくることが欠かせない。

3. 心理的安全性を高める方法

❶ 個人面談

　心理的安全性を高めるためには、定期的な1対1の個人面談が有効だ。個人面談の相手としては、上司、仲間、部下もしくは協力会社の人もいいだろう。個人面談で愚痴を聞いてもらうことも、心理的安全性を高めるうえで効果を期待できる。

　ちなみに、あなたの周囲に愚痴や不満を聞いてくれる人はいるだろうか。誰しも愚痴や不満を言いたくなることはある。

- 上司や客先への不満
- 部下に対する小言
- 工事がうまく進まないイライラ
- 協力会社との関係に対する不満

　ひと昔前であれば、「夜の街」で生きる人たちが上手な「聞き役」を担っていた。愚痴や不満を他人に聞いてもらえず、自分の心の内側にとどめてしまうのは精神衛生上好ましくない。愚痴や不満を聞いてくれる「聞き役」の確保は大切だ。

　愚痴を言う相手として一番身近なのは、会社の同僚、部下や上司、そして家族だろう。愚痴を言える相手とは信頼関係が要る。上司が「愚痴を吐ける相手」であれば、心理的安全性の高い職場になっている。

　ただ、仕事の愚痴には「上司への不満」が多いはずだ。これはさすがに上司には言えない。上司への愚痴を言う相手、弱音を漏らす相手として有力な候補が、「上司の上司」だ。過去に同じ工事現場で働いていた先輩や、異動で他部署に移ったりした先輩も相談相手になる。既に引退したり退社し

たりした「かつての上司」も選択肢として挙げられる。

　では、愚痴の相手として部下はどうだろうか。その場合は、上司として尊敬されていなければならない。尊敬されていない上司が部下に愚痴っても、相手は軽蔑するだけだ。尊敬されているか、信頼されている上司であれば、後輩はこんなふうに思ってくれる。

　「○○さんが困っているんだから、俺が頑張って助けよう」

　これでかえって絆が強まる。このような状況になれば、かなり心理的安全性の高い職場であるといえる。

　愚痴や不満を言う方にも、聞く方にも、尊敬の心と信頼が求められる。そんな関係を築くには、普段から小さなことでも相手への感謝を伝えることが欠かせない。信頼関係があるからこそ、愚痴を言えるし、相手の愚痴を受け入れることもできる。

　こうした話は飲み会の場で交わすのではなく、「個人面談」として行うべきだ。昔なら「ちょっと一杯つきあってもらえませんか」と飲みながら話を聞いてもらうのが主流だった。だが、それでは「仕事」の話なのか「雑談」なのかがはっきりしない。

❷ 雑談を増やす

　個人面談ほど正式なやり取りではないが、雑談も心理的安全性を高めるうえで効果がある。では、雑談ではどのような話をすればいいのだろうか。

　「木戸に立てかけし衣食住」という言葉がある。“木”は季節、“戸”は道楽（趣味）、“に”はニュース、“立”は旅（旅行）、“て”は今日の天候やテレビ、“か”は家族（自らの家族や相手の家族）、“け”は健康、“し”は仕事を意味する。“衣”“食”“住”は文字通り衣服と食べ物、住まいだ。こうしたテーマに沿って雑談するといい。

　これらのテーマに共通するのは、差し障りのない話ができるという点だ。雑談では、あまり込み入った話をしない方が盛り上がる。

　無口な人が相手の場合は、上手に質問しなければいけない。質問に大切

なのは順序だ。第1段階はクローズドクエスチョン。これは「はい」「いいえ」で答えられる質問のことだ。例えば、「昨日は晩酌されましたか」などと聞く。

続く第2段階は、オープンクエスチョンのうち、限定的な質問にする。「いつ」「どこ」「だれ」を問う質問だ。例えば、「いつ、だれと、どこで晩酌したのですか」のような質問にするのだ。

そして第3段階は、オープンクエスチョンのうち拡大質問だ。これは、「なぜ」「何」「どのようにして」を問う質問を表す。例えば、「晩酌では何を飲まれたのですか」「なぜ○○さんと一緒に飲んだのですか」といった質問だ。徐々にやりとりが深くなっていく様子が分かるだろう。

さらに、一歩進んだ「7つの質問」の雑談をする方法もある。以下は「7つの質問」と回答例である。

1 「あなたは仕事を通じて何を得たいですか」
▶ プロとしてのキャリアを積みたいです

2 「それはなぜ必要ですか」
▶ 給料を上げて家族を幸せにしたいからです

3 「何をもっていい仕事をしたといえますか」
▶ お客さまから感謝の言葉をいただくことです

4 「なぜ今の仕事を選んだのですか」
▶ 何となく選びました。でもやってみると楽しいです

5 「去年と今年の仕事はどのようにつながっていますか」
▶ 去年頑張って資格を取ったので、今年は大きな工事を任せてもらいました

6 「あなたの一番の強みは何ですか」
▶ 今話をしてみて、私の強みは頑張れることだと思いました

7 「あなたは、今どんなサポートが必要ですか」
▶ もっと成長したいので、もっと大きな工事を担当したいです

このような7つの質問によって、より深い雑談に結び付けられるようになる。

❸ 交換日誌

個人面談や雑談で相手の本音を聞き出し、こちらの本音を言えるようになれば、心理的安全性は高まる。しかし、話が得意ではない人もいる。そのような場合、交換日誌の活用を勧める。

上司と部下の間でノートを用意し、自由に書いてそのノートを交換するのだ。口ではうまく伝えられなくても、文章にすると自分の気持ちを正直に書き表せる人もいる。特に手書きがいい。何度も交換日誌を重ねていると、字の乱れに気づく。心の乱れが字の乱れに表れるので、字が乱れていたらゆっくりと話をする機会を設けると効果的だ。

❹ 懇親会

いわゆる飲み会だ。歓迎会や忘年会、新年会などを懇親会と呼んでいる。大切なのは、定期的に開催することだ。上司が飲みたいときや現場の区切りがついたときだけ一杯飲むという頻度ではうまくいかない。1カ月に1度、2カ月に1度などと予定を決める。さらに、予算も決めておいて、心理的安定性を高める機会として懇親会を開催する。

京セラの創業者である稲盛和夫氏が、この懇親会をコンパと呼ぶのは有名だ。コンパには6つの原則があり、稲盛流コンパの流儀となっている。

- 全員参加
- テーマを設けて司会役を置く
  （テーマには業績や哲学などが挙げられる例が多い）
- 時間割、座席表を決める
  （例：あいさつ5分、歓談20分、テーマ発表5分、議論70分、発表、締めなど）
- 予算を決める
  （例：単月赤字のときは1500円、単月黒字のときは3000円など）
- 手酌禁止
  （必ず相手のことを慮り、相手のコップが空いたらお酒を注ぐことをルールとする）
- 夢を語る
  （過去の失敗や成功ばかりを言うのではなく、今後どういうふうにしたいかを語る）

なお、参加が任意であれば懇親会は業務外となるが、参加を強制する場合は、懇親会は業務扱いとなる。給与を支払う必要があることには留意しておく。

❺ 慰安旅行

多くの会社で慰安旅行を行っている。一方、参加者が年々減っている会社もあるようだ。

大切なことは、心理的安全性を高める機会として、慰安旅行を位置付けることだ。そのためには、社長や幹部がホストとなり、社員全員の意見を聞き、社員全員にとって楽しい場になるように心掛けるべきだ。社長が歌ったり、幹部が芸を披露したりするのもいいかもしれない。思わぬサプライズゲストを企画するのも効果的だ。

❻ 理念や価値観に合う人材を採用する

理念や価値観の合う人同士であれば、心理的安全性が高い「安全基地」となる職場を構築しやすい。一方、理念や価値観の異なる人が混ざると、どうしても心理的安全性は下がる。職場は「安全基地」としての機能を発揮しにくくなる。採用時には能力や学歴、実績以上に、自社の理念や価値観に合う人を採用するよう心掛ける。

なお、採用時は人が人を評価する。理念や価値観に合う人かどうかを見誤りがちだ。評価時に陥りやすい5つの失敗を以下に解説する。

先入観で評価してしまう

エントリーシートを読んだ段階で、例えば「野球部の主将だから精神的に強い」「ボランティア活動をしているから思いやりがある」などと思い込んでしまうことがある。人は一度思い込むと、それが正しいと面接で証明したくなる。そして、必死にその理由を探そうとする。そうなってしまうと、逆の面があっても気づかなくなる。

自分に似た人を評価してしまう

人は自分と同じ価値観の人が大好きだ。だから自分とよく似たタイプの人を見つけるとうれしくなって、実際よりも高く評価しがちになる。自分と似た人の中にも採用すべきではない人が存在することを理解する。

後光（ハロー）が差している人を評価してしまう

ハローとは、後光のことだ。1つの際立った特徴が、他の要素にも影響を与えてしまう例は多い。親や兄弟が社会的に認められた人であれば、その親族も同じであろうと考えてしまうケースもある。際立った特徴に評価が引っ張られないようにすべきだ。

「普通」と評価してしまう

面接官は評価を真ん中に寄せる傾向がある。経験の浅い面接官であるほど、自信がなく、「普通」を選びがちだ。「普通」では評価したことにならない。

面接慣れした応募者を評価してしまう

短時間で相手を見抜くのは非常に難しい。第一印象が良く、人当たりがいいと、それだけでコミュニケーション能力が高いと評価してしまう。本当の自分よりも自分を良く見せる方法を知っているだけなのか、そうでないのかを見抜く力が必要だ。

❼ チームメンバーの個性に応じて接し方を変える

メンバーにはそれぞれ個性がある。個性に応じた接し方をすれば心理的安全性が高まり、「安全基地」を構築しやすくなる。

それぞれの個性を診断する方法として、「類人猿診断」を紹介しよう。まずは、それぞれのメンバーがどの型に該当するのかを診断する。**図6-1**には5つの質問が記載されている。これらに答えてもらい、最もチェックが多く入った型がそれぞれの社員の型になる。

類人猿診断では、人の型を4つに分けている。1つ目がオランウータン型（O型、思考・納得型）。静かに物事を見つめ、理解し、納得するまで頑張れる人だ。2つ目はゴリラ型（G型、協調・尊重型）。人々と対等に向き合い、いつも控えめで秩序を守る物静かな人がここに当たる。3つ目はチンパンジー型（C型、勝利・行動型）だ。自分の直感に素直に従い、前進するパワフルな人である。最後にボノボ型（B型、感覚・楽天型）。これは自分の気持ちを素直に表現する無邪気な人に相当する。まずは自己評価してみてほしい。

図 6-1　人を分類するためのチェックリスト（建設業版）

問1　次のa,bのいずれかを選択して、網掛け2か所に ✓ を入れてください

あなたは自分の感情や気持ちを、	O型	G型	C型	B型
a. 表に出さないほう	☐	☐	☐	☐
b. 表に出すほう	☐	☐	☐	☐

問2　次のa,bのいずれかを選択し、網掛け2か所に ✓ を入れてください

あなたが望むのは、	O型	G型	C型	B型
a. 現状をより良くするために変えていくこと	☐	☐	☐	☐
b. 現状維持で安定・安心を求めること	☐	☐	☐	☐

問3　次のa,b,c,dのいずれか1つを選択し、網掛けに ✓ を入れてください

あなたが得意なのは、	O型	G型	C型	B型
a. 状況を正確に把握して分析すること	☐	☐	☐	☐
b. 誰よりも早く行動して成果を上げること	☐	☐	☐	☐
c. 自分の意見を主張せず、周囲とうまくやっていくこと	☐	☐	☐	☐
d. 誰とでも仲良くなること	☐	☐	☐	☐

問4　次のa,b,c,dのいずれか1つを選択し、網掛けに ✓ を入れてください

自分の良くないところは、	O型	G型	C型	B型
a. 理屈っぽくて人の気持ちが分からないこと	☐	☐	☐	☐
b. 他人の悪いところを攻撃してしまいがちなこと	☐	☐	☐	☐
c. 敬意に欠ける人やルールを守らない人を許せないこと	☐	☐	☐	☐
d. 感情に流されやすく論理的でないこと	☐	☐	☐	☐

問5　次のa,b,c,dのいずれか1つを選択し、網掛けに ✓ を入れてください

次の4つのうち、あなたが一番大事にしているものは何ですか？	O型	G型	C型	B型
a. 勝利：仕事がうまくいき成果を出すこと	☐	☐	☐	☐
b. 調和：もめごとなく仕事を進め、変わらぬ毎日	☐	☐	☐	☐
c. 納得：自分自身が納得して仕事をすること	☐	☐	☐	☐
d. 共感：周囲の人と共感し合いながら仕事をすること	☐	☐	☐	☐

✓ の合計数を記載してください

✓がついた数の合計が最も大きな型が、あなたのタイプである。この4つの型を表として示すと、図6-2のようになる。

図6-2　4つのタイプで人を分類

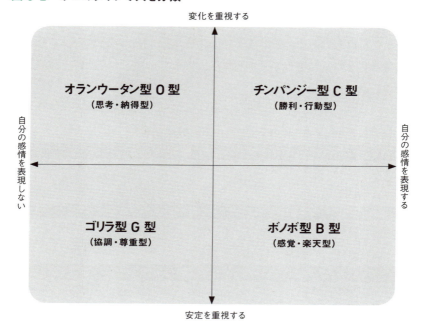

　図の縦軸は変化と安定を、横軸は感情表現の有無を、それぞれ示している。チンパンジー型（C型、勝利・行動型）は変化を重視し、自分の感情を表現する人。ボノボ型（B型、感覚・楽天型）は、安定を重視し、自分の感情を表現する人。オランウータン型（O型、思考・納得型）は変化を重視し、自分の感情を表現しない人。ゴリラ型（G型、協調・尊重型）は、安定を重視し、自分の感情を表現しない人と分類できる。

　それぞれの型ごとに、"心に響く言葉"と"嫌う言葉"がある。

　オランウータン型の人は、じっくり考えたり、納得がいくまで検討することを好む。そのため「○○さんにお任せします」「分析して調べてもらえ

ませんか」「どんな工夫をしたのですか」などの言葉が心に響く。

一方、「大変そうですね。大丈夫ですか」「○○さん、さすがですね。すごいです」といった感覚的な表現や「マニュアル通りでお願いします」といった指示をされることを嫌う。

ゴリラ型の人は、周囲の人たちと協調し、お互いを尊重し合う人間関係を好む。そのため、心に響く言葉は、「お気遣いありがとうございます」「陰で動いておられるのですね」「全体を考えていただきありがとうございます」といったものだ。

嫌う言葉は、「○○さんにお任せします」「適当に、または自由にやってください」など、人との協調を重視しない言葉となる。

チンパンジー型の人は、勝利や成果につながる行動を好む。そのため、心に響く言葉は「○○さんじゃないとできなかったですね」「○○さんのおかげです」「○○さんの行動力はすごいですね」だ。

嫌う言葉は、「期待外れです」「相談してから進めていただけませんか」「頼りにならないですね」など。行動を評価しない言葉が該当する。

ボノボ型の人は感覚的な表現を好み、楽天的だ。そのため、心に響く言葉は、「一緒に仕事ができてうれしいです」「みんなあなたのことが好きですよ」といった感覚的な言葉となる。

半面、「論理的に説明してください」「あなたが決めてください」「あなたの説明はよく分かりません」「結論を先に言ってください」など論理性や思考性を求める言葉は嫌う。

これらの結果を次ページの図 6-3 にまとめた。図の横軸である自分の型が書かれている部分を見てほしい。その部分が含まれる列を縦に見ると、4つの型の人たちとどのように接すると関係がうまく回るかを記した。

大切なのは相手の型に応じて、伝え方や接し方を変えるということだ。相手のことを考えた表現などを選択していくと、職場が「安全基地」に変わるのだ。相手の心に響く言葉を伝え、相手が求めていることを言う。そうしてそれぞれが安心し、安全にその空間を共有できるようになるのだ。

126

図 6-3 さまざまなタイプの相手にどう対応すれば心理的安全性を高められるか

相手の型		自分の型	O 型 思考・納得型	G 型 協調・尊重型	C 型 勝利・行動型	B 型 感覚・楽天型
思考・O型納得型		どういう関係になりがちか	お互いの世界観を押し付け、争いになりがち	敬意を欠く協調性のない言動にいらだちを感じる	一目置いているが、なかなか距離を縮められない	何を考えているのか分からず、いつも怒っているように見える
		どのように対応すればよいのか	適切な距離を保ちながら、情報交換する	こだわりのポイントを知れば、補完し合える	こだわっているポイントを知り、目標に向かって共に進む	適切な距離を保ちながら、思いを大切にしてあげる
協調・G型尊重型		どういう関係になりがちか	融通が利かず臆病なことにがっかりしがち	仕事がゆっくりしたペースで進みがち	意思表示があいまいで意図や考えを読み取れず、もめがち	安心して付き合え、いざというときに頼りになりそうと感じる
		どのように対応すればよいのか	目立たないところで気配りしてくれることへの感謝の気持ちを忘れない	仕事が前に進まないことに注意する	自分は切り込み隊長、相手は後方支援と役割分担する	冷静な状態に見えていても、これはこれで楽しんでいると理解する
勝利・C型行動型		どういう関係になりがちか	成果や利益を求めて協働できる半面、価値観が違うと違和感を感じる	テンポの速さや、怒りっぽさについていけない	あうんの呼吸で分かり合える半面、心を許せない関係になりがち	素直な表現は分かりやすく、たとえもめても和解が早い
		どのように対応すればよいのか	相手の行動力やプレゼン力を生かした関係性を築く	活躍を陰で支え、全体の調和を取っていくとよい	適度な距離を保ち、負けたときには負けを受け入れる	褒めたり、分かってあげるとさらに活躍する
感覚・B型楽天型		どういう関係になりがちか	自分にないコミュニケーション能力の高さを生かせば最強のタッグになる	良い関係を作りやすい組み合わせだが、聞き役となって疲れる	自分はスター、相手が観客という関係であればベスト	明るく楽しい関係性を築くことができる半面、互いの依存心が出過ぎる
		どのように対応すればよいのか	寂しい思いや敵意を感じさせないように付き合う	寂しいようであれば、こまめにケアする	共感してほしいという思いを理解して付き合う	他のタイプを仲間に引き込むとよい

4. 心理的安全性を高めるリーダーの資質

リーダーの条件

　部下の心理的安全性を高め、チームを安全基地にできるリーダーには3つの条件が求められる。

厳しい

　やはり厳しい指導は欠かせない。プロ野球の故星野仙一監督や柔道の故斉藤仁監督のように、名将といわれる人は総じて厳しく指導してきた。厳

しさとパワハラを混同してはいけない。この違いを一言で表すならば、厳しい指導は「行動」へのフィードバックで、パワハラは「存在」へのフィードバックだ。

例えば、「行動」へのフィードバックは次のようなものだ。

「その電話での話し方は良くないぞ」

「机の上の整理整頓が不十分だ」

「会議に遅れるな」

一方、「存在」へのフィードバックは以下のようになる。

「こんな仕事は中学生でもできるぞ」

「こんな失敗をするとは、お前の親の顔が見たいものだ」

パワハラとの違いを明確にしながら、相手の行動をしっかり見て、適切なフィードバックをしたい。

親切

親切とは、面倒見が良いことだ。例えば、コンクリート打設を部下に担当させたら、途中で電話して「何か問題はないか」と声をかける。遅くまで仕事をしている部下に対しては、「無理をするなよ」と声をかけ、出前のラーメンを食べさせる。こんな感じだ。

パナソニック創業者の故松下幸之助氏は、かなり厳しい方だったという。烈火のごとく叱りつけることは珍しくなかった。しかしその後、叱りつけた部下の妻に電話して「ご主人をきつく叱ってしまいました。ご主人の話を聞いてあげてください」などとフォローしていたそうだ。

厳しさと親切は表裏一体なのである。

チャーミング

ここでのチャーミングとは失敗を認める態度のことだ。「ごめんなさい」「すみません」「間違っていました」と素直に言える上司だ。宴会などで、自分の自慢話をする人がいるが、チャーミングな人は、自分の失敗談を部

下にする。

このようにありのままの自分を見せることを「自己開示」という。ダメな点、失敗した点を含めて、自分をさらけ出すことで部下は上司を「嘘のない人だ」と感じ、信頼を置くのだ。

建設会社の経営者には、土木や建築の出身ではなく、文系出身の人も少なくない。そのような人のなかには、「私は現場のことはよく分からない。現場のことはあなたにお任せします」という言い方をする人がいる。こんなふうに言ってもらうと、技術系の社員はやる気が出て頑張るものだ。

人を支援する6つの言葉

上司や先輩が、部下や後輩から相談を受けることがあるだろう。そんなときにどのように対応すれば、部下や後輩の心理的安全性が高まるのだろうか。

次の6つの言葉を使うとよい。

- 感謝 …………●●さん、相談してくれてありがとう！
- 学び …………あなたの話で・・・という学びがありました
- 共通、共感 …私もあなたと同じ・・・です
- 長所 …………あなたは・・・がすばらしい
- 出番 …………私は●●さんのために、・・・ができます
- 信じ切る ……●●さん、あなたならできるよ！

遅刻をした新人にかける言葉を例にすると、以下のようになる。

- 感謝 …………「毎日現場で頑張ってくれてありがとう！」
- 学び …………「君の現場での若い職人との接し方は私も勉強になるよ」
- 共通、共感 …「俺も新入社員のときはよく遅刻をしたよ」
- 長所 …………「君の長所は人なつっこいところだ」
- 出番 …………「ただし、朝に弱いのが課題だな。何なら、朝、私が君の携帯に電話できるぞ」

●信じ切る ……「期待しているからこれからも頑張ろう」

　中途半端な報告書を提出した（ただし一所懸命作成した）新人にはこんな対応が可能だ。

●感謝 …………「報告書を作成してくれてありがとう！」
●学び …………「いろいろ調べながら仕事をしている様子は私自身勉強になるよ」
●共通、共感 …「俺も若いときは報告書作成に時間がかかったよ」
●長所 …………「君の一所懸命な態度を見習いたい」
●出番 …………「ただし、もう少しつっこんで検討することが必要だよ。以前　私が作成した報告書を見せるので参考にしてみてよ」
●信じ切る ……「いい報告書を期待しているよ」

　辞めたいと言ってきた社員にはこんなふうに対処しよう。

●感謝 …………「毎日頑張って仕事をしてくれてありがとう！」
●学び …………「君の部下への面倒見の良さはとても勉強になるよ」
●共通、共感 …「俺も若いときは辞めたいと思ったことがあるよ」
●長所 …………「君のすごい所は測量が速いことだな」
●出番 …………「もしも奥さんが転職を勧めているのなら、一度3人で食事で　もしないか。一緒に将来のことを話そうよ」
●信じ切る ……「現場の職人が君に会えなくなるのは寂しいと言っていたよ」

信頼される上司や先輩は動じない

　先輩や上司は動じない姿を見せ、後輩、部下に信頼、尊敬されなければならない。それでは、以下のような事態が発生したとき、先輩や上司としてあなたは部下や後輩にどう接するか。

ケース1

　「大変です。大変です。資材が届いていません。職人が手待ちになって怒っています」

✗ ダメな回答 ➡「それは大変だ。どうしよう…」
○ 見本回答 ➡「そうか。それはチャンスだ。○○工事が遅れているので、その現場を手待ちの職人にやってもらおう」

ケース2

「大変です。大変です。私の測量ミスで建物の位置がずれています」

✗ ダメな回答 ➡「何てことをしてくれたんだ…」
○ 見本回答 ➡「そうか。俺の出番だな。事後対応は全て任せろ。問題解決する姿を見てほれぼれするなよ」

5. なぜうまくいかないのか

❶ 図面通りの施工は得意だが、創意工夫や技術提案は苦手

　現場の技術者がこのような状況に陥っているとすれば、現場担当者の上司である部長や課長が、「安全基地」としての役割を果たせていない可能性がある。現場が失敗を恐れて挑戦をためらっているかもしれないからだ。

　部長や課長などの上司が、新技術、新工法、新たな協力会社の採用などの挑戦を奨励する。うまくいかない場合に、本社が全面的にバックアップするという姿勢が欠けていると、こうした状況に陥りやすい。

❷ 部下を飲み会に誘っても断られ、慰安旅行も欠席者が多い

　飲み会や慰安旅行では、上司は部下のホストになるべきだ。飲み会では上司が部下に一方的に話すのではなく、部下の話に耳を傾ける。慰安旅行では、上司が何か一芸を披露したり、部下に内緒で芸人を連れてきたりといったサプライズ企画を考えておくのもいい。部下に飲み会や慰安旅行は楽しいと感じてもらうことが重要だ。

❸ 面談をしても本音を話さない

　1対1では緊張して話せない人がいる。その場合はコミュニケーションの方法を変えるといい。面談の場合は、向かい合って座ると話しにくい。互いに直角の位置となるように座るといいだろう。目が合いにくくなり、話しやすくなる。

　同性相手、または異性相手では話せない人、また年齢が離れているとうまく話せない人もいる。その場合は、面談の相手を変えてあげると本音を語ってくれる可能性が高まる。

　話は苦手でも文章であれば問題ないと考える人もいる。その場合は、交換日誌も有効な手段だ。

❹ 何を話しても心に響かないようだ

　人にはそれぞれ個性がある。心に響く言葉もそれぞれだ。前述した類人猿診断を基に、相手の個性に合わせた話し方を選ぶといい。

　人は皆、ツボが異なっている。同じ箇所を押しても心地良く感じる人と何も感じない人がいる。その人が心地良く感じるツボを探し当て、そのツボに合った話をすることで、相手の心に響くのだ。

132

第7章

認められて働きたい

第7章
認められて働きたい

1. 効果的な褒め方と叱り方

❶ こう褒めると人は動く

　人は誰しも相手に認められて働きたいと思っている。認められていると感じる最も大きな働きかけは、褒めることだ。しかし、どのようなタイミングで褒めるのが効果的なのだろうか。

　相手の褒め方には、3つのパターンがある。1つ目は「結果承認」、2つ目は「行動承認」、最後は「存在承認」だ。

図 7-1　何を褒めると効果的か

	褒める
結果承認	△
行動承認	○
存在承認	◎

◎：大変効果がある
○：効果がある
△：やや効果がある

図 7-1 に何に対して褒めると効果的かを記載した。効果が高い順に◎、○、△とする。

結果を褒めるとは、「君が書いた図面は分かりやすいよ」などのように、相手の行為の結果を認めることだ。行動を褒めるとは、「君のあいさつは明るくて気持ちいいね」のように、相手の行動を見て、その行動を認めることを意味する。存在を褒めるとは、「君が現場に来てくれて事務所が明るくなったよ」のように、相手の存在そのものを認めることである。

では、この3つを比較した場合に、「結果」「行動」「存在」のどれが最も相手にとって効果的なのだろうか。

最も効果的なのは、「存在」を褒めることだ。やはり人は、自分がそこにいると認められると、とてもうれしいと感じる。

次に効果的なのは、「行動」を褒めることだ。その行動を見ていてくれたことに対してうれしいと感じ、さらにその行動が認められた結果、意欲が高まる。

やや効果的なのが、「結果」を褒めることである。結果を褒める効果は無視できないものの、存在や行動を褒める場合と比べると効果は小さい。結果そのもので本人が褒められているような感覚を得るからだ。

少し別の事例で話をする。例えば、夫が妻に対して結果を褒める場合だ。「君の料理はうまいな」が相当する。行動を褒める例であれば、「君の笑顔がいいな」などが好例だ。存在を褒める場合であれば、「君がいてくれるだけで僕は幸せだよ」となる。

あなたは本当に褒め上手か

「自分は褒め上手だ」と思っている人も、次ページの「褒め下手診断リスト」（図 7-2）でチェックが多く付いた場合は、褒め上手ではなく、褒め下手である可能性が高い。自分が褒められた経験があまりないために、部下や後輩を褒める言葉が見つからないという人もいるだろう。

まずは、あなたが褒め下手かどうかをチェックしてみてほしい。

図 7-2　「褒め下手」診断リスト

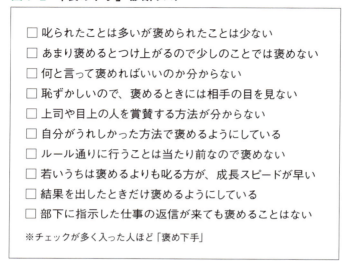

□ 叱られたことは多いが褒められたことは少ない
□ あまり褒めるとつけ上がるので少しのことでは褒めない
□ 何と言って褒めればいいのか分からない
□ 恥ずかしいので、褒めるときには相手の目を見ない
□ 上司や目上の人を賞賛する方法が分からない
□ 自分がうれしかった方法で褒めるようにしている
□ ルール通りに行うことは当たり前なので褒めない
□ 若いうちは褒めるよりも叱る方が、成長スピードが早い
□ 結果を出したときだけ褒めるようにしている
□ 部下に指示した仕事の返信が来ても褒めることはない
※チェックが多く入った人ほど「褒め下手」

できて当たり前のことも褒める

　上司は褒める機会を見逃さないことが重要だ。部下にとって「認める」行為は、「褒める」のと同じぐらいうれしいものだ。上司は「認める」も含めて、褒める領域を広げよう。

　自身の経験から「これぐらいはできて当たり前」と思っていることでも、部下にとっては大変な作業であることが多い。できて当たり前のことも褒められるようになれば、褒め言葉をかける機会は増える。

　例えば、指示通りに手順書をまとめたり、図面や書類の納期を守ったりするのは仕事の基本だ。しかし、経験の浅い部下は、「自分のしていることは正しいのか」や「迷惑をかけていないか」といった不安を抱えている。

　そんな部下の気持ちを察して、「納期までにできたね」や「間違っていないね」と認める言葉を、時には大げさに話そう。部下は不安を解消でき、「次も頑張ろう」という気持ちになる。

　もちろん、期待以上にできたときには、「グレイト」と言おう。これは、「すごい」とか「素晴らしい」という意味だ。ちなみに私は「グレイト」よりも上

位の仕事ぶりに対して「ぐれいと」とひらがなを使うこともある。私の部下は「社長に『ぐれいと』いただきました」などと言っている。

こうしたニュアンスの言葉を上司が部下に用いるときは、「すごい」や「素晴らしい」のままで構わない。しかし、部下から上司に向けて「すごい」や「素晴らしい」といった表現を使うと、上から目線の言い方になりかねない。

そのため、「すごい」という思いを部下が上司に伝える際には、「勉強になります」「見習いたいです」「いつかは○○さんのようになりたいです」などと伝えるといい。

「ありがとう」を習慣に

日頃から習慣にしたいことがある。「ありがとう」という感謝の言葉を伝えることだ。褒め上手な人ほど「ありがとう」をうまく使っている。

部下にとって「ありがとう」という表現は、「仕事に貢献できた」と感じられる言葉だ。結果や行動を「素晴らしい」と評価する行為だけが褒めることではない。貢献に対する「ありがとう」という声掛けも褒めることに含まれる。言葉だけでなくカードに感謝の気持ちを書いて手渡すのも効果的だ（図7-3）。何度も繰り返し見ることができるためだ。

「ありがとう」と言われると、人はうれしく、これからも頑張って働こうと思うものだ。

褒められてうれしいポイントには個人差がある

褒め上手の人は、さらに工夫を凝らしている。褒められてうれしいと感じるポイントも考慮しながら、褒め方を変えているのだ。喜びの価値観は人それぞれだからだ。

「上司から飲みに誘われて初めて認められた気がした」「社内表彰で社長から表彰された」——。あなたが上司から受けたこうした経験は、うれしいものだったかもしれない。しかし、部下が同じように喜ぶとは限らない。会話の中から部下のモチベーションを上げる褒め方を見つけなければなら

ない。

　まだそんな間柄になっていない場合は、率直に「仕事をしていて認められた、褒められたと感じる時はいつ」などと聞いてみる。

　結果を見てほしいのか、行動を重視してほしいのか。どんなことを褒められるとやる気が出るのかを自己分析させてみることも勉強の1つだ。

　前章で解説した「類人猿診断」の結果に基づいて表現を工夫しながら褒めることも重要だ。

図 7-3　感謝の伝え方はいろいろある（サンキュー&グレイトカード）

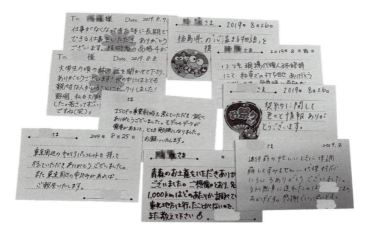

事例で学ぶ「褒める」コツ

　以下に褒める事例を記載した。この事例が○か×かを判断してほしい。

事例1　指示通りの対応では褒めない

　指示した納期に合わせ、新人が指示内容に沿って見積書を作成した。私（上司・先輩）は見積もりの内容をチェックしてミスがないか確認し、「それではこれを提出してください」と言って、顧客に提出するよう指示した。

解説 ❌ **褒めるチャンスを見過ごしている。**

期待値以上の結果を出さなければ褒めないという姿勢は捨てる。できて当たり前と思える領域でも褒める。大げさに褒めなくても「しっかりできたね」と言うだけで、十分に褒めたことになる。

事例2 小さな作業にも「ありがとう」

資料を20部コピーした部下が、この資料はいつの打合わせで使うのか尋ねてきた。私はまず、「ありがとう、助かったよ」と声をかけてから「発注者との打ち合わせに持参し、その際に配布するのだ」と伝えた。

解説 ⭕ **これは、褒め上手だ。**

些細なことでも「ありがとう」を使い、仕事の目的を伝えるとともに相手に感謝の意を表す。この例の部下は、コピー作業という小さな仕事でもしっかりこなすことで上司から認められると分かり、次も手抜きをせずにこなすようになる。

事例3 成功すれば飲みに誘う

私（上司・先輩）は新人の頃、コンクリート打設終了後にうまく打設できたお祝いとして上司から飲みに誘われた。それがすごくうれしかったので、私も部下が成果を出したときは必ずお酒に誘っている。

解説 ❌ **相手の気持ちを察していなければだめ。**

「自分がされてうれしいことは、相手もされてうれしい」とは限らない。この例の場合、酒の席が苦手な部下がいるかもしれない。相手の反応を見ながら、ベストな褒め方を探す。うれしさの価値観は人によって異なるという前提を忘れてはいけない。

事例4 感覚的な言葉が響かない人もいる

いつも物静かな若手社員のA君が、しっかりと分析をした技術提案書を作成してきた。とてもよくできていたので「A君すごいね。さすがだね」と褒めた。

解説 ✕

いつも物静かなA君のようなタイプには、「すごい」とか、「頑張ったね」、などという感覚的な表現はあまり響かないケースが多い。「新工法を採用した工夫がいいね」「温度分析がよくできているよ」などと、具体的に工夫したことを取り上げて褒める。

❷ こう叱ると人は動く

続いて、叱り方を解説する。図7-4に何を叱ると効果的かを記載した。効果が高い順に◎、○、×とする。

結果を叱る場合は、「君の書いた図面に間違いがあったぞ」のように、その人が生み出した結果に対して叱る。行動を叱る場合は、「報告書の提出が期限よりも遅れているぞ」というふうに、その人の行動そのものを叱る。存在を叱る例は、「こんな計算、中学生でもできるぞ」だ。これではその人の存在そのものを否定した言い方になる。

叱る場合に最も効果的なのは、「行動」を叱ることだ。「報告書の提出が遅い」「集合時間に遅れる」「決められたことをやらない」という場合は、本人に自覚を促すためにも、きちんと叱らなければならない。

図7-4　何を叱ると効果的か

	叱る
結果	○
行動	◎
存在	×

◎：大変効果がある
○：効果がある
×：効果がない

私は、多くの建設会社の会議に参加してきた。ある建設会社では、定刻に全員が集合する。ところが別の建設会社では、半数程度しか集まっていない場合がある。

　この違いは、行動を叱る上司がいるか否かで決まる。行動を叱る上司がいる会社では、たとえ1分の遅刻でも「遅れてはだめだ」と叱っている。この言葉によって、言われた側の行動が矯正されるのだ。

　一方、行動を叱る上司がいない会社では、仮に遅れたとしても誰も叱らない。なかには「ご苦労さま」などと言ってねぎらう場合もある。これでは、時刻通りに集合した社員のやる気を失わせてしまう。

　結果を叱ることは大切だ。しかし、悪い結果を出した場合、結果が既にその人を叱っている。例えば、「赤字を出した」「工程が遅れた」「現場で事故を起こした」といった場合だ。こうした場合、本人は十分に反省しているケースが多いはずだ。

　存在を叱ると「パワハラ」になる。「中学生でもできるぞ」「親の顔が見てみたい」などは、その典型例だ。これは相手を認めていない行為で、決して行ってはいけない。逆に、行動や結果に対して叱ることは、相手を認めることになる。上司が部下に行うべき行為なのだ。

　叱り下手には2つのタイプがある。強く叱り過ぎるタイプと、叱るべきときに叱れないタイプだ。

　強く叱り過ぎる人は、叱る必要があるのか、助言で済むのではないか、などを見極める必要がある。叱るべきときに叱れない人は、例えば部下の行動が原因でトラブルが発生した場合は、その行動をしっかり叱らなければならない。「部下に嫌われるので叱れない」「叱ったら明日から会社に来なくなるのでは」と考えて、叱らずに済ませている上司はダメだ。以下の図7-5であなたが叱り下手かどうかチェックしてみよう。

図 7-5 「叱り下手」診断リスト

強く叱りすぎる場合

☐ うまくいかなかった結果に対して、くどくどと叱ってしまう

☐ 感情が高ぶると激しい言葉で叱ってしまう

☐ 叱るときに過去のことも合わせて叱ってしまう

☐ 多くの人の前で叱る方が効果的だと思う

☐ 部下の前で別の部下の気に入らないことを言ってしまう

叱るべきときに叱らない場合

☐ 叱るのはエネルギーがいるので叱らないようにしている

☐ 叱ると相手のやる気をそいでしまいそうなので叱れない

☐ 叱ったときに言い返されそうな人には叱らない

☐ 若い人は打たれ弱いのであまり叱らないようにしている

☐ 口頭では言えないのでメールで伝えてしまう

＊チェックが多く入った人ほど「叱り下手」

今の行動と未来に向かって叱る

　同じミスを繰り返させないようにするのは、本人のためだ。だから遠慮せずに、ミスをすればしっかり叱る。その際は、感情的にならず、ミスの原因となった行動を叱らなければならない。

　失敗を本人が自覚している場合には、この先どうすれば、同じミスを重ねないのかを考えさせる。「会議に遅刻してはいけないぞ。次に遅れないようにするにはどうすればいい」という感じだ。

　ここで、やってはいけないことがある。「いつも○○さんだよな！」や「この間も○○したよね」など、過去のミスを掘り返し大げさに叱る行為だ。何に対して叱られているのかが分からなくなるからだ。

　本人が自らの過ちに気づいていない場合は、丁寧にミスを指摘する必要

がある。上司がなぜ怒っているのかが「さっぱり分からない」人もいるからだ。

結果をくどく叱らない

「叱る」と「怒る」を混同させないことも重要だ。声を荒らげて怒っても、何もいいことはない。むしろ、相手には怖かったという印象しか残らない。「なぜ怒られたのか」「どうすればよかったのか」と、考える余裕もなくなる。厳しく叱るときこそ冷静になり、丁寧な言い方を心がける。

例えば、「この件でお客さまに迷惑をかけてはいけないよ」と冷静に話す。

「なぜこういうことになったんだ？」などと、「なぜ」で問い詰めると、相手は責められているという印象を受けてしまう。注意が必要だ。

くどくどと結果について上司などが叱っている場面によく出くわす。しかし、これはあまり効果がない叱り方だ。

「なぜこの工事は赤字になったんだ」「工期が遅れているぞ。なぜなんだ」「また事故を起こしたな。不注意だぞ」。こんなふうに起こしてしまった結果を叱るのは構わない。本人もミスに気づいているだろう。「くどく」叱っても効果は小さい。結果を叱る際に人は感情的になるものだ。

パワハラとは存在の否定

「上司や先輩にもっと厳しく叱ってもらいたい」という声がよく聞かれる。実際は、上司が思っているほど部下は打たれ弱くないケースもある。ところが、最近はパワハラと言われるのを恐れて、叱らない上司が増えている。

もちろん、「おまえの能力は中学生並みだな」とか「親の顔が見たいものだ」など相手の存在を否定する表現はご法度だ。「あのときに上司に叱ってもらったからこそ、今の自分がある」などと部下が感じられるような叱り方をしたい。

事例で学ぶ「叱る」コツ

以下に叱る事例を記載した。この事例が○か×かを判断してほしい。

事例1 過去の失敗で叱るのではない

部下が朝の会議に遅刻してきた。前日の送別会で遅くまで飲んでいたことを知っていたので、「一体どれだけ飲んでいたんだ。ほかのメンバーは遅刻してないぞ」と一喝した。

解説 過去の失敗は本人も自覚している。

過去の失敗（遅くまで飲んだこと）を叱るのではなく、まずは「会議に遅れてはいけない」と、行動を叱る。そして、「今度は節度を守って飲むんだぞ」というふうに、今後（未来）の対策まで含めた叱り方をした方がいい。

事例2 声を荒らげるのはダメ

中堅の部下があまりに基本的なミスを犯したので、「お前は新人か。こんなミス子どもでもやらないぞ」と、つい声を荒らげてしまった。

解説 感情的になって声を荒らげてはいけない。

大きな声を出しても、相手には「怖い」「ビックリした」という印象しか残らない。この叱り方は存在の否定にもなっていて、パワハラにも当たる。叱られている理由を理解してもらうのだ。「このミスは確認すれば防げたよな。今後、どのように確認すればいい」などと、冷静に言葉を積み重ねた方が相手の心にずしりと響く。

上司や先輩であれば、感情のコントロールは必須だ。声を荒らげるなどもってのほか。気分次第で叱る内容が変わらないよう心掛ける。叱る軸がブレる上司は最悪だ。

また、大勢の前で叱るとか、メールで叱るというのは問題外。社員全員に周知させなくてはいけないミスがあった場合には、本人にも事前に、「この間のミスだけど、情報共有のために伝えます」などと知らせておく。

事例 3 叱るポイントを明確に

　私は部下のミスを指摘するときに、「顧客の立場に立って考えろ」と必ず言う。何度もそう言って叱っていれば、そこだけは絶対に意識から抜け落ちないと思っているからだ。

解説 ✖ **具体的に叱らなければいけない。**

　「どう思うか考えろ」のように、漠然とした叱り方では「この間は○○と言っていたのに、今度は××と言っている…」と思われかねない。部下にそう思われないように、叱るポイントがずれないようにする。

　「この仕上げ方は、顧客の要望と合っていない」「顧客への書類の提出期限は必ず守らないといけない」のように具体的に叱る。

❸ 褒めどき、叱りどきをわきまえよう

　褒めることも叱ることも、この場合は「褒めるべきなのか」「叱るべきなのか」をきちんと考えて伝える必要がある。

　人間の脳は、3層構造になっていると言われている。一番奥にあるのは、本能をつかさどる脳だ。これは、食べたい、眠りたいなどの本能に関連し、蛇やワニのような爬虫類はこれのみを持つ。その外側に感情をつかさどる脳がある。これは、うれしい、楽しい、悲しいといった感情をもたらす。犬や猫などの哺乳類が持つ機能だ。

　そして、人だけが持っているのが思考をつかさどる脳である。考えることができるのは、人だけであるということだ。相手に対して、「この状況は褒める方が効果的だ」「この状況は叱る方が効果的だ」などと考えた後に伝える。これが、人としての褒め方、叱り方である（図 7-6）。

　一方、なかには感情に任せて褒めたり叱ったりする人もいる。自分がうれしいときだけ褒め、頭にきたときだけ叱る人だ。これでは感情の脳しか使っていないので、犬や猫と同等だ。

図 7-6　人だけが考える脳を持つ

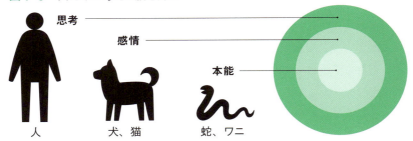

　私たちは、人間として、人間だけが持つ思考する脳を生かし、部下に対して必要なときに必要な方法で褒めたり叱ったりしなければならない。それにより、相手の存在意識が高まり、うれしさを感じ、モチベーションを高められるのだ。
　「褒め言葉が見つからない」「いくら褒めても効果がないように感じる」「叱るとパワハラだと言われそう」――。
　そんなふうにばかり考えてはいけない。褒めて、叱って部下を育成するのが上司の役目だ。部下や後輩を持つ立場になったら、正しい褒め方、叱り方を身に付けよう。

2. 権限を委譲すると人は動く

　人は任されると意義などを感じ、モチベーションが上がる。また、一方的に指示されるのではなく、選択肢を与えて「A案とB案、君はどちらがいいと思う？」などと聞かれると、権限委譲されたと感じ、やる気になるものだ。
　一方、「任せて任さず」という言葉がある。上司は部下に権限は委譲するが責任は委譲しないという方法だ。例えば、権限委譲した人が失敗したとする。そのときの責任は、委譲した責任者が取るのだ。仕事を任せっ放し

にしたり、権限委譲して放置したりすると、かえって失敗を招き、やる気を下げてしまう。

部下には自分の仕事を任せられないというリーダーは珍しくない。「部下に任せるよりも自分でやった方が速い」「部下に教えるのが面倒だ」「自分で仕事はできるけれど、どのようにして引き継げばいいのか分からない」といった理由だ。

自分の仕事を部下に任せれば、つまり権限委譲をすれば、部下は成長する。さらに、自分も新たな業務に取り組む時間を生み出せる。自らの成長にもつながる。業務を部下に「任せる」ことと、新業務を「引き受ける」こととのパターンは4つある。

❶「任せて」&「引き受ける」

これがベストだ。部下に権限委譲した上で、自分は新たな業務にチャレンジする。部下も自分も成長できる。

❷「任せて」&「引き受けない」

これはダメだ。部下に権限委譲するが、自分は新たな業務を引き受けない。これでは、自分が仕事をやりたくないから部下に仕事を任せているように見える。

❸「任せず」&「引き受けない」

これもダメ。部下に権限委譲しないから、自分も新たな業務を引き受けられない。部下に任せないので部下が成長しない。自分の方は新業務を引き受けられないので、自分も成長しない。いつまでも同じ仕事を同じやり方でやっているタイプだ。

❹「任せず」&「引き受ける」

部下に権限委譲せず、自分は新業務を引き受ける。これでは自分の仕事

が過剰になり、パンクしてしまう。忙し過ぎる上司の姿を見れば、あんな上司にはなりたくないと感じさせ、部下のモチベーションを下げてしまう。

つまりリーダーは「任せて」＆「引き受ける」で仕事を進めなければならない。リーダーが自分の業務をメンバーに権限委譲し、自分は自分の上司の業務を引き受ける。

これを継続していると、やがて部下は上司の業務が全部できるようになる。そうなれば、そのポジションに配置できる。成果を出しているリーダーは、まずは限界まで業務量を増やし、それを何とかこなして質に転化させている。単に業務を権限委譲して業務量を減らしても、新しい業務に取り組まなければ、質は向上しない。リーダーはこの点を肝に銘じておく。

リーダーは、自分の業務をどんどんメンバーに権限委譲した方がいいというと、自分の業務をどんどんメンバーに丸投げすればいいと勘違いする人がいるかもしれない。だが、権限委譲と丸投げは全然違う。メンバーに権限委譲する業務は、自分ができるようになった業務だ。他方、自分ができない業務をメンバーに実施させるのが丸投げだ。

権限委譲した業務は、メンバーに何かあれば助けることができる。だが、丸投げした業務はメンバーに何かあっても助けられない。

3. 人事評価制度、表彰制度

人を認めることを制度として行うためには、人事評価制度が必要だ。社員全員が納得感を持てる人事評価制度を用意できれば、社員は高評価を得るために頑張るに違いない。

一方、建設業で人事評価制度を構築するのは、容易ではない。工事現場で利益を出したり工期を短縮したりすることは、担当者個人の能力だけではなく、外部環境である天候や顧客、近隣住民の力が大きく関係している

場合があるからだ。

　予算を守れなかったり、工期を遅れさせたりしたとしても、それが担当者だけの責任とは限らないだろう。外部環境が大きな影響を及ぼした可能性もあるはずだ。あるいは、当初から予算や工期が不足していた現場であったかもしれない。そのような場合には、努力をして少しでも改善していれば、その改善分は認めてあげるべきだ。

　つまり、納得感のある人事評価制度を構築するためには、工事現場に影響する外部環境をいかに定量評価できるかがポイントになる。さらにはその結果に至る本人の行動をしっかり評価するようにしなければならない。

　表彰制度を採用する会社もある。表彰制度を制定する場合、その時期に採用している方針と一致させることが望ましい。

　例えば、年度方針に「報・連・相」を徹底すると掲げた場合であれば、報告・連絡・相談を工夫した人に対して、「報・連・相大賞」を授与する。「5S（整理・整頓・清掃・清潔・躾）」を年度方針としていれば、「5S大賞」などとして、整理・整頓などに熱心に取り組んだ人を表彰するのだ。

　さらには、経営理念を最も実践した人に「理念大賞」、新しい工法や技術に挑戦した人に「チャレンジ賞」、最も大きな失敗をした人に「大失敗大賞」をそれぞれ贈るといったやり方もある。

　「大失敗大賞」と書くとふざけているのかと思われるかもしれない。だが、そうではない。こうした賞を贈ることには、"我が社は失敗を許容し、チャレンジを認める会社だ"という姿勢を社員に明示する効果を期待できる。

　ここで「100回帳制度」という取り組みを解説する。これは、会社で社員に促したい行動を羅列し、個々の項目に対して、それぞれ評価するものだ。「100回帳」には100回の望ましい取り組みを目指すという意味がある。図7-7の表に示すように、改善提案や托鉢、清掃活動、面談、社内研修の講師など評価したいと思う行動を一覧にする。そして、実践した各項目を評価するのだ。評価結果に対して、賞品や賞金を渡すようにすれば、社員はその項目を強く意識して、実践するようになるものだ。

図 7-7　100回帳でやる気を引き出す

「100回帳」対象項目一覧表
1ハンコにつき50円備品、事務用品、工具等業務で使用するものを購入することができる
※毎月、会議時に「記録用紙」にて報告のこと（翌月持ち越しはNG）

	活動内容	対象	条件	備考
1	改善提案書		評価により5～30ハンコ	
2	托鉢（たくはつ）	駅前清掃、公園清掃、公の場所に対するボランティア活動（自宅、現場のトイレ可）	月4回まで 1ハンコ/回	朝メールで報告
3	社員旅行	全社旅行（事業所単位の旅行も含む）	1回につき1ハンコ	
4	面談	上司、社員と面談をしたら、ハンコ対象になる（部下、上司とも）	1ハンコ/15分	感想文：不要
5	社内研修にて講師	自ら講師として社内研修を実施する	5ハンコ	
6	外部研修	教育助成する研修以外の外部研修受講	1感想文、報告書につき1ハンコ	報告書：要
7	お墓参り	先祖のお墓にお参りをする	家族、親族の参加証明があった方が望ましい。年2回まで	口頭、または朝メールにて発表
8	読書感想文	読んだ本の感想文を提出	1ハンコ/1冊（月内無制限）	感想文400字程度
9	ビデオ学習	『DO IT』、『プロフェッショナル』、『カンブリア宮殿』、『ソロモン流』、『ガイアの夜明け』、『がっちりマンデー』など	1ハンコ/1番組	感想文：要 最低70字～140字（朝マンデー）
10	孝行	母の日、父の日、親・家族・恋人の誕生日等にプレゼントをしたり、食事に誘ったりした場合	年6回まで。 1回につき1ハンコ	口頭、または朝メールにて発表
11	サンキューカード送り、受け	月単位で送った枚数10枚または、受けた枚数10に達した場合	10枚で1ハンコ（端数は小数点で計上）	
12	環境整備	街頭清掃実施	1回につき1ハンコ	朝メールにて感想文：要、最低70～140字
13	お客様から名前入りのお礼状	上司が認めた感動的な手紙（口座、メールOK）	1回につき1～3ハンコ。内容による	
14	選挙	国県市町村選挙に投票に行った場合	行った際に投票所にて写真を撮ってくる。1日につき1ハンコ	
15	飲みニケーション	顧客、協力会社との懇親会に参加した場合（オフィシャル）	1回につき1ハンコ	顧客との懇親会の場合、趣旨、参加者を報告する
16	手紙送り	顧客や名刺交換した方に手紙を書いた場合。暑中見舞い、年賀状は対象外	10枚につき1ハンコ（端数は小数点にて計上）	
17	紹介	社員の紹介で新規会員を獲得した場合	1人獲得につき3ハンコ	
18	若者会	社員、研修生、インターンの親睦会、チームワーク強化、新商品開発会議（40歳以下限定）	1回につき1ハンコ	
19	新商品開発会議	新商品、新事業、5年後10年後の企画会議	1回につき1ハンコ	
20	交流会	他社との懇親会など	1回につき1ハンコ	
21	資格取得	報奨金対象以外の資格	10ハンコ/1資格	合格証のコピー、通知書のコピーを提出、確認
22	ブログ執筆	ブログを執筆した場合	1ハンコ/回	

減点項目

	活動内容	対象	条件	備考
1	期限遅れ	改善提案書（第2月曜日）	－1ハンコ/日	
2	未提出	勤務報告書（毎月11日）など	－10ハンコ	朝メールで報告

4. なぜうまくいかないのか

❶ 褒められたことがないから褒め方が分からない

　褒め方が分からない人は、まずは褒めるよりも前に「ありがとう」と感謝の気持ちを伝えるようにする。「○○さんすごいですね」などと褒めると、上から目線のようで言いにくいと感じるのであれば、「○○さんを見習いたいです」といった表現を使うといい。

❷ つい感情的に怒ってしまう

　感情的に怒ると、相手には反感の気持ちが湧き上がって逆効果になる。そのため、怒りの感情に駆り立てられたら、相手への行動や言動を5分間はこらえる。そうすると怒りの感情は和らぐはずだ。

　怒りの感情をメールなどで伝えてしまう人もいるが、これもご法度だ。怒りの感情をメールに書いてしまったとしても、送信は一晩待とう。翌朝になって改めてその文章を読めば、もう少し柔らかい表現にした方がよいと気づくものだ。

❸ そんなことは当たり前だと思い感謝の言葉が出てこない

　感謝は「心のビタミン」とも表現され、心身の健康に好影響をもたらすことが研究でも分かってきている。感謝の気持ちを自然に抱けるようになるための方法を以下に解説する。

感謝の日記を書く

　その日に起こった感謝すべき事柄を思い出して書き留める。どうして感謝したのかを熟考し、できるだけ詳しく書くとよい。例えば、「測量をしているとき、協力会社の職人さんが手伝ってくれたことに感謝」、あるいは「離れて暮らす父が現場で働く自分を心配して電話をかけてくれたことに感謝」などだ。

忙しさで感謝の気持ちを忘れてしまっている状況を確認できる。

"プチ親切"にも着目

感謝というと、家族や会社の仲間といった相手を思い浮かべがちだ。でも、それ以外の人がしてくれたささやかな親切、つまり"プチ親切"も探してみる。

「先を歩く人が開けたドアを押さえて待っていてくれた」「自分よりも前の階でエレベーターを降りた人が、閉ボタンを押してくれた」などだ。

ありふれた日常に感謝

朝、窓から差し込む日の光、コーヒーを入れてくれた友人、新しい家電製品、子どもの冗談といった、日常における「ありがたい」「うれしい」に感謝する。

感謝の気持ちは声に出す

誰かに感謝の気持ちを伝える機会があれば、まずはきちんと礼を言う。例えばスカーフのプレゼントをもらった場合、「このスカーフを着けるのが待ちきれない」と言う代わりに、「私の好きな色を覚えていてくれてありがとう」といったように、相手の努力などを強調しつつ礼を述べるのだ。

ノースカロライナ大学チャペルヒル校の社会心理学部助教授で心理学者のサラ・アルゴー博士は、次のように言う。「感謝するときは、相手と自分の両方を意識するように」。博士の研究によれば、そうした考え方は互いのつながりを深め、双方の健康に寄与する。強い関係性は長生きにプラスの影響を与え、1日に15本のタバコが及ぼすマイナスの影響を打ち消す効果に匹敵するという。

❹ 権限委譲の名を借りて丸投げする

『権限委譲は「機会を提供すること」が本当の目的だ。しかし、「手が足り

ず、困ったので権限を渡す」ことを権限委譲だと思う病がまん延している。これではうまくいかない。権限を委譲した際に、「面倒だ」と思われてしまうのは、上役が権限の委譲を単なる「面倒な業務の外注」と考えている場合が多い。この点には注意が必要だ。

154

第8章

成長して働きたい

第8章
成長して働きたい

1. 成果を上げる社員に必要な3つの資質

　建設会社で成果を上げる技術者に必要な3つの資質とは、「能力」「熱意」「考え方」だ（図 8-1）。

図 8-1　成果に必要な3資質

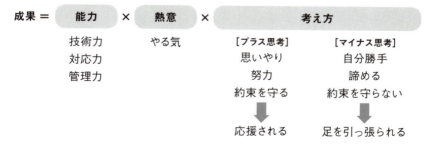

　施工管理技術者に必要な「能力」には3つの種類がある。技術力、対応力、管理力だ。技術力は、品質、原価、工程、安全、環境に対する知識と経験

にほかならない。対応力は、コミュニケーション能力だ。顧客、協力会社、近隣住民と上手にやりとりする能力を指す。管理力は、技術力と対応力を用いて、品質、原価、工程、安全、環境の各項目を運営する能力である。

能力に次いで必要な資質が「熱意」、つまり「やる気」だ。能力が10点満点でも、熱意が1点しかなければ、$10 \times 1 = 10$点の成果しか上げられない。一方、能力は満点の半分である5点でも、熱意が、満点の10点であれば、$5 \times 10 = 50$点の成果を期待できる。これは前者の5倍の値だ。

施工管理技術者に必要なのは、本人の熱意を上げることだけではない。現場で働く部下や協力会社のスタッフの熱意を上げる資質も不可欠だ。現場で働く人たちが熱意を持って仕事をすれば、その仕事の内容も良くなる。

もう1つの資質は「考え方」だ。考え方には、プラスの考え方とマイナスの考え方がある。前者は、物事を前向き、積極的に考えることだ。マイナスの考え方とは、物事を後ろ向き、消極的に考えることを意味する。

他の人を思いやることは、プラスの考え方に分類できる。一方、自分中心というのはマイナスの考え方だ。例えば、現場で働く協力会社のスタッフが仕事をしやすいように、ゴミ拾いや掃除をしたり、図面を早く提出したりするのは、プラスの考え方に基づく行動だ。一方、現場に落ちているゴミも拾わない、図面の提示が遅い、自分勝手な行動をする——。これらは、マイナスの考え方に基づく行動となる。

努力もプラスの考え方だ。技術的に困難な現場、工期の順守が難しい現場、予算がない現場でも、努力してなんとか工事や業務をやり遂げようとする。これは、プラスの考え方に基づく。予算がなく、工期に余裕がない現場で、予算や工程の範囲で収める努力を諦めてしまうのは、マイナスの考え方が影響している。

約束を守るというのも、プラスの考え方だ。書類の提出期限、会議の集合時間、協力会社・顧客・近隣住民との約束。こうしたことをしっかりと守れる人は、プラスの考え方を持っている。提出期限を守らないだけでなく、集合時間や約束も守らない。これらはマイナスの考え方を持つ人の行

動だ。

　ここで、プラスの考え方を持っている人が困っているとしよう。例えば、コンクリートの打設で工期が遅れ、間に合いそうにもない状況だ。そんなときに、いつも思いやりを持ち、努力し、約束を守る人であれば、周囲の人たちは応援してくれるに違いない。

　作業時間が遅くまでかかっても、コンクリートを打設できるように尽力してくれるはずだ。近隣の住民などもコンクリート打設に向けて協力してくれるだろう。発注者も応援してくれるかもしれない。このように周辺の人への影響も考慮すると、「考え方」で得られる点数は、応援してくれる人の数に比例する。10人が応援してくれるのであれば、考え方の点数が10倍になるわけだ。

　一方、マイナスの考え方を持つ人が困っていたとしよう。いつも自分勝手で、すぐ物事を諦め、約束を守らない人だ。こんな人が困っているとき、周囲の人たちはその人の足を引っ張るかもしれない。足を引っ張られると、考え方の点数はマイナスになる。10人の人に足を引っ張られるとマイナス10倍になるのだ。

　ここまで説明してきたように、建設業の現場において、成果を上げる技術者に必要な3つの資質とは、「能力」「熱意」「考え方」だ。この3つを、仕事を通して向上させることができれば、担当する社員は成長を実感できるようになる。

❶能力を上げる

技術力

　施工管理技術者に必要な能力のうち、まずは「技術力」を解説していく。技術力は、大きく5つに分けられる。「品質」「原価」「工程」「安全」「環境」だ。そして、「環境」はさらに3つに分けられる。「自然環境」「周辺環境」「職場環境」だ。

「品質」とはいい物をつくるための知識と経験で、「原価」はできるだけ低いコストで作成するための知識と経験に当たる。さらに「工程」はできるだけ短い日程で工事を進めるための知識と経験を指し、「安全」は法律を理解し、現場で働くスタッフがけがや病気をしないようにするための知識と経験である。

　「環境」を区分けしたうち、「自然環境」はできるだけ自然に対して悪影響を及ぼさないように施工する知識と経験だ。大気、水質、土壌、悪臭、廃棄物、エネルギーなどに対する法律を理解しておく必要がある。「周辺環境」は、周囲に騒音や振動などで迷惑をかけないように施工する知識と経験に当たる。「職場環境」は、現場で働く人たちが心地よく働けるようにするための知識と経験になる。

　知識と経験は大きく4段階に分けられる。1段階目が雑識、2段階目が知識、3段階目が見識、4段階目が胆識である（図8-2）。

図 8-2　**知識を4段階に区分**

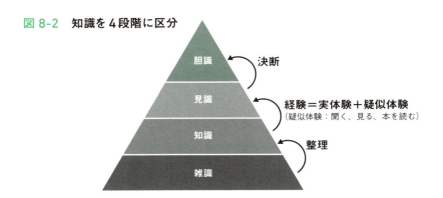

　1段階目の「雑識」とは、雑然とした情報を得ている状況を指す。雑然とした情報とは、例えばインターネットや雑誌から情報を得ることだ。多くの情報が入ってきたとしても、現場でそのまま活用するのは難しい。

　それらの情報を整理して、現場で使えるようになった状態が、2段階目

の「知識」に当たる。現場のコンクリートの強度が分かる、合否判定基準が分かる、法律の内容を理解している――。こんなふうに、現場で施工管理をする際に必要な情報を取り出して、活用できる状態だ。

続いて3段階目の「見識」がある状態に至るには、経験が要る。ここでの経験を代表するのが実体験だ。実際に現場を体験していれば、それは見識につながる。

疑似体験も経験になる。疑似体験とは、「聞く」「見る」「本を読む」ことだ。多様な人から話を聞き、それを自らの疑似体験として活用できるようにするのだ。工事現場を見て、それを自らの疑似体験として活用できるようにするのが「見る」に相当する。「本を読む」とは、本を通じて著者の体験を自ら疑似体験し、それを現場運営に役立たせることだ。実体験と疑似体験を踏まえた経験によって、「見識」が身に付く。

さらに、それを「胆識」にまで高めるには、決断力が必要だ。工事運営に当たっては、さまざまな決断がある。決断の背景には、知識と経験がある。知識と経験を基に、正確に決断できる人が、「胆識」のある人だ。

私の実体験を紹介する。生コンクリートプラントで、細骨材に用いる砂粒の粗さを計る尺度の粗粒率について、試験を行っていた。実際に自分で試験しているので、これは実体験だ。

ある時、私の先輩がやって来て、「その砂の粗粒率はいくらだ」と聞いてきた。私が「まだ試験をしていないから分からない」と答えると、先輩はその砂を口に含み、少し咀嚼した後に吐き出した。そして、「2.6だ」と言い放った。

「なぜ、そんなことが分かるのか」と聞いたところ、過去に試験を実施した際に、結果が出るたびに口に含んで舌触りなどを確認していたというのだ。何度も繰り返すうちに、口に含むだけで概略の粗粒率が分かるようになったという。

こうした体験を踏まえて砂の粗粒率を理解し、コンクリートとして使えるか否かを決断する力が備われば、それは胆識が身に付いた段階に達した

ことになる。

気象の知識と雲の動きを見て、この後雨が降るか否かを判断し、コンクリートの打設の可否を決断する人もいる。石の大きさを見て、その大きさから重さを推測し、何ミリメートルのワイヤで吊り上げられるかを判断できる人もいる。「知識」「見識」「胆識」こそ、現場で必要な能力なのである。

対応力（提案力、交渉力）

工事現場で必要な能力の2つ目は、「対応力（コミュニケーション力）」だ。対応力は5段階に区分できる（**図8-3**）。

図8-3　5段階のコミュニケーション力

5段階の コミュニケーション力	内容
アプローチ力 親密力／魅せる力	●相手との 関係性を深め、相手の状況や考えを探れる ●第一印象が良く、今後も面談できる関係を築ける
ヒアリング力 調査力／聞く力	●要望（相手が口頭や文書で示したこと）を理解できる ●欲求（相手は示していないが、心から欲していること）を理解できる
ライティング力 文章力／提案力 書く力／考える力	●要望や欲求に応じた提案を立案できる ●分かりやすい文章を作成できる
プレゼンテーション力 表現力／話す力	●相手の心をつかんで話せる ●ツール（提案書、冊子、模型、パース）を活用して相手の理解度を高められる
クロージング力 交渉力／決める力	●相手のノーをイエスに変えられる ●お互いが有利な形で交渉をまとめられる

まずは1段階目の「アプローチ力」を意味する親密力、魅せる力だ。これは、第一印象ともいう。工事現場で知り合う顧客や協力会社、近隣住民と早い段階で仲良くなり、スムーズに話ができる関係を構築する。

次に2段階目は、聞く力や調査力、つまり「ヒアリング力」だ。顧客や協力会社、近隣住民の要望をよく聞いて、次の計画や施工に役立てられる能力である。

3段階目は「ライティング力」。顧客や協力会社、近隣住民の要望を踏ま

えて、適切な施工方法を考えて提案する力である。文章力が必要だ。

そして4段階目は、話す力である「プレゼンテーション力」。相手の心をつかんで話せる能力だ。朝礼や地元説明会、設計変更の説明などで行うプレゼンテーションで相手の心をつかめれば、表現力が高いといえる。

最後の5段階目は、「クロージング力」。すなわち、決める力だ。これは、相手の「ノー」を「イエス」に変える力に相当する。工事を進めていると、思い通りに進まないことがある。発注者や近隣住民、協力会社が「ノー」を突き付ける場合だ。こんなとき、交渉によって相手の「ノー」を「イエス」に変えられなければ、工事は進められなくなる。

以上の5つの能力が、対応力（コミュニケーション力）になるのだ。

管理力

施工管理をするためには、品質管理、原価管理、工程管理、安全管理、自然環境管理、周辺環境管理、職場環境管理を実施しなければならない。

管理とは、PDCAサイクルを回すことだ。計画を作成して（Plan）、実行に移し（Do）、点検して（Check）、改善する（Act）。

品質管理のPDCAでは、どのようなことをするのか。まずはPlan（計画）だ。これは法令や仕様書、基準書を基に、施工計画書、図面、手順書を作成することだ。この際、法令や仕様書、基準書を理解して、それを施工計画書、図面、手順書として表現しなければならない。品質に関する「知識と経験」が必要になる。

計画を作る前には、関係者の要望や欲求をしっかりと聞き取り、それを計画に反映させる必要がある。つまり、「アプローチ力」と「リサーチ力」が要る。そして、それを基に計画書を作成する「ライティング力」も必要だ。このように、品質管理の計画をする場合、技術力と対応力を駆使する必要がある。

Do（実施）の段階では、計画書や図面、手順書を関係者に教育・指導し、理解してもらわなければならない。ここでは、「プレゼンテーション力」が

欠かせない。

Check（点検・確認）を確実にするためには、検査や試験が必要だ。検査や試験方法の「知識」が必要で、実際に検査や試験を行った「経験」も不可欠だ。点検結果や試験結果を関係者に連絡する「プレゼンテーション力」も重要となる。

Act（反省・改善）では、その検査結果や試験結果を基に、必要がある場合には手順を見直す。ここでいう手順とは、施工計画書、図面、手順書だ。同じミスを何度も繰り返さないようにするのだ。ここでは、関係者を納得させる「クロージング力」が欠かせない。

同様に、原価管理、工程管理、安全管理、環境管理でも、それぞれPDCAサイクルを回す必要がある。**図8-4**にその一覧を示す。これらを実践するには、「技術力」と「対応力」の駆使が欠かせない。これらを「管理力」と呼ぶ。

図8-4　業務フローごとの PDCA

	品質管理	原価管理	工程管理	安全管理	自然環境管理	周辺環境管理	職場環境管理
P 計画	法令、仕様書、基準書	歩掛かり、積算基準	歩掛かり、積算基準	労働安全衛生法、規則	大気、水質、土壌、廃棄物の各関連法	騒音、振動、大気の各関連法	労働基準法
	施工計画書、図面、手順書	見積書、実行予算書	工程表	安全衛生管理計画、各種届出	自然環境保全計画、各種届出	周辺環境保全計画、各種届出	職場環境保全計画、各種届出
D 実施	教育、指導	教育、指導発注、支払い	教育、指導	教育、指導新規入場者教育、KYK	教育、指導	教育、指導	教育、指導
C 点検確認	検査、試験	月次決算、工事精算	日次・週次・月次確認	安全パトロール、現場巡視、安全衛生委員会	環境監視、測定、マニフェスト作成	環境監視、測定	環境監視、測定、健康診断、ストレスチェック
A 反省改善	手順の見直し	予算の見直し、歩掛かりの見直し	工程表の見直し、歩掛かりの見直し	計画の見直し	計画の見直し	計画の見直し	計画の見直し

❷ 熱意を高める

　人のやる気に大きな影響を及ぼすのは、脳の働きだ。人の脳は、大きな力を持つ。その力は、成功している人でも成功していない人でも大差はない。

　差が生じるのは、脳の状態だ。脳にインプットしているものによって、その状態は簡単に切り替わる。つまり、脳に良いインプットをし、健全な状態を保つと、その働きに数倍もの違いが出る。では、どのようなインプットをすればいいのだろうか。

　それは、①言葉、②動作、③表情、④イメージ、⑤感謝、⑥夢・目標の6つだ。特にプラスの「言葉」「動作」「表情」が脳にインプットされると、与える影響が大きくなる。

　プラスの言葉とは、「やれる、できる、ワクワクする」といった言葉だ。マイナスの言葉には、「無理、できない、疲れた」などが該当する。

　また、プラスの動作とは、「握手」「拍手」「ガッツポーズ」などだ。一方、マイナスの動作とは、「無視」「うなだれる」などとなる。

　プラスの表情とは、「笑顔」「元気」であり、マイナスの表情とは、「暗い」「いら立ち」などに当たる。

　プラスの「言葉」「動作」「表情」が、脳にインプットされると、その人の人生がプラスに変わる。そして、その人と関わりを持つ人の人生もプラスになり、現場で働くチームの状態がプラスに変化する。

　例えば、工事現場の朝礼で、施工管理技術者がプラスの「言葉」を使って話をする。「今日は工事ができるのでワクワクする」などと言うのだ。そして、朝礼時に作業者と握手したりハイタッチなどのプラスの「行動」を取ったりする。朝礼時に笑顔などの元気な「表情」で作業員の人たちと接すれば、作業員の脳にはプラスのインプットがなされ、協力会社で働く人たちの熱意は高まる。こうして、現場運営で成果が出るのだ。

　一方、施工管理技術者が口を開けばいつも「疲れた」と言い、さらに、うなだれて暗い表情をしていると、その現場で働く人たちの脳にマイナスのインプットが行われる。そうなると、現場で働く人たちのやる気や熱意は下がる。

このように、現場で働く施工管理技術者がプラスの「言葉」や「動作」「表情」で行動できれば、現場で成果を出しやすくなる。

❸正しい考え方を身に付ける

正しい考え方とは、以下の8つに大きく分かれる（**図8-5**）。

図8-5　8つの正しい考え方

	8つの徳	プラスの行動事例	マイナスの行動事例
仁	**「思いやり」** 他を思いやる心情、忠恕、親切、尊重、慈悲、従順、仁愛、愛情	他人本位の行動や発言、席を譲る、トイレ掃除、他人の仕事を手伝う、募金をする	自分本意の行動、発言
義	**「正しい行動」** 人間の行動に対する筋道、普遍的正義、平等、公正、清廉、不善を恥じて憎む羞悪の心	正しいことを行う職業的倫理感、プロ意識に基づく行動	ごまかす、うそをつく
礼	**「感謝の気持ち」** 集団生活において、お互いが協調し、調和する秩序 敬（うやまう）、謝（感謝）、謙（へりくだる）、譲（ゆずる）、和（仲良く助け合う）	人と協調する行動・発言、あいさつ、笑顔、報連相（報告連絡相談）	協調性がない、挨拶しない、報連相しない
		人に感謝する、感謝の気持ちを伝える、お礼状を書く	感謝しない
		物を大切にする行動、5S（整理、整頓、清掃、清潔、躾）	物を大切にしない
智	**「学び続けること」** 人間がよりよい生活をするために出すべき知恵、物の道理を知り正しい判断を下す	学び成長し続ける、読書する、勉強する、資格試験に挑戦する	学ばない
忠	**「努力すること」** 自らに向ける「仁」の心、自分の欲求を調節して正しい心を持続するための心持ち、努力、誠実さ	努力する、責任を果たす、目標達成のための行動	さぼる
		自らを律する行動（自律）、自らの責任を感じる気持ち（自責）	他人に律せられる行動（他律） 他人の責任だと感じる（他責）
信	**「約束を守ること」** 自分の発言を実行すること、相手と自分との約束を守ること	相手との約束を守る、時間厳守・納期厳守	相手との約束を守らない
		自分との約束を守る、チャレンジする	自分で決めたことをやり続けない
孝	**「上司、目上に対する行動、態度」** 親と子が双方から慈しみ合い力を合わせていたわり合い、助け合う姿	親孝行、目上を尊重する言葉遣い	親、目上を尊重しない行動
悌	**「目下、仲間に対する行動、態度」** 横の関係の「仁」の心、兄弟姉妹に対する友愛の感情	兄弟姉妹孝行、目下や仲間を尊重する言葉遣い	目下や仲間を尊重しない行動

　まず1つ目が「仁」だ。これは「思いやり」の気持ちで、自分のことよりも他の人を思いやる心である。「仁」の気持ちがあれば現場のトイレを掃除

したり、他の人の仕事を手伝ったりするような行動となり、日常生活では電車などで席を譲り、募金をするといった行動となる。一方、マイナスの行動事例としては、自分本位の行動や発言が該当する。

2つ目は「義」。これは「正しい行動」のことで、いわゆるコンプライアンスを守ることや、職業的倫理観、プロ意識に基づく行動である。一方、マイナスの行動とは、人をごまかしたり、うそをついたりすることだ。

3つ目は「礼」。これは「感謝の気持ち」で、さらに3つに分かれる。「礼」の1つ目は"報告・連絡・相談"をすること。これは、相手の存在を認めることでもある。一方、あいさつをしない、報連相をしないなどはマイナスの行動事例である。

「礼」の2つ目は、"感謝を言葉で表す"こと。相手に対して「ありがとう」と言ったり、食事をした後に「ごちそうさま、おいしかった」などと言うことがプラスの行動事例だ。そういった表現をしないのは、マイナスの行動事例である。

「礼」の3つ目は、"物を大切にする行動"だ。これは、5Sと呼ばれる、整理・整頓・清掃・清潔・躾の実践にほかならない。整理・整頓・清掃・清潔・躾をすることで、物に対する感謝の気持ちを表すのだ。物を大切にしないことは、マイナスの行動である。

4つ目は「智」。これは知恵があるか否かが問題なのではない。「学び続けること」で継続して知恵を身に付けることだ。プラスの行動とは、日常的に学び、読書や勉強をし、資格試験を受験し続けることなどが当たる。一方、資格試験の受験時しか勉強せず、継続して学ばないという場合は、マイナスの行動といえる。

5つ目の「忠」とは、「努力すること」だ。大変な状況、うまくいかない状況であっても、努力して責任を果たし、目標達成に向けて行動することがプラスの行動となる。

そのような行動をせず、サボることはマイナスの行動だ。自らを律する行動もプラスの行動である。他人に律せられる行動、他人に言われないと

やらない。こうしたものは、マイナスの行動となる。

6つ目の「信」とは「約束を守ること」にほかならない。これは2つに分けられる。1つ目は、相手との約束を守ること。2つ目は、自分で決めたことをやり続けるといった、自分との約束を守ることだ。相手との約束を守れても、自分との約束を守るのはなかなか難しい。

7つ目の「孝」とは「上司や目上に対する行動や態度」だ。親孝行したり、目上の人を尊う言葉遣いを心掛けたりすることなどがプラスの行動だ。目上の人を尊重しない行動や言動はマイナスの行動である。

最後の「悌」とは「目下や仲間に対する行動や態度」だ。言うまでもなく、目下や仲間を尊重する言葉遣いや行動は、プラスの行動だ。目下や仲間を尊重しない行動はマイナスの行動になる。

これらの"8つの徳"を実践すれば、周りの人に応援される能力が身に付く。そうすると、現場をうまく運営できるようになる。

2. 人材育成の基本

施工管理技術者に必要な能力、熱意、考え方を向上させ、成果を出せる技術者としていくには、人材育成に注力する必要がある（図8-6）。

「育成なくして指導なし、人を育てるより人が育つ土壌を作れ」という言葉がある。

図 8-6　育成なくして指導なし

名称	意味	手法
育成／やる気	やる気にさせる （コップを上に向ける）	褒める、叱る、認める／仲良く働けるようにする 安全、安心、安定して働けるようにする／待遇を良くする
指導／やり方	知識、経験を身に付けさせる （コップに水を注ぐ）	体系的な教育プログラムを作成する キャリアプランを作成する
土壌／やる場	人が育つ土壌を作る	先輩、上司が模範的な態度を取る

まずは人をやる気にさせて、その次に知識や手法を身に付けさせる。そうすると、伝えたことがその人の力に変わってくる。逆に、やる気のない人にいくら知識や手法を与えても、馬の耳に念仏となるのだ。

　これは、コップと水の関係に例えられる。初めに、やる気にさせるためにコップを上に向ける。次にそのコップに水である知識や経験を注ぐ。そうすると水がたまる。これで、その人に知識や経験を身に付けさせることができたということになる。

　一方、そのコップが下を向いていると、いくら水を注いでもコップに水はたまらない。つまり、やる気のない人に知識や経験を身に付けさせようとしても決して身に付かないのだ。まずはコップを上に向けること（これを育成という）、そしてそのコップに水を注ぐこと（これを指導という）が必要だ。「育成なくして指導なし」なのだ。

　次に、「人が育つ土壌」とはどういうことか考えてみよう。

　4月に建設会社に新入社員としてA君が入社したと仮定する。入社して半年ほどたった頃に、A君は高校時代の友人と会った。その友人はA君に対して、「君は随分成長したな。どんな教育を受けたんだい」と尋ねると、A君は「いやあ、僕は現場に行って先輩の言うことを聞き、先輩のまねをしているだけだよ」と答えた。友人は「それだけでそんなに成長するのなら、君はいい会社に入ったな」とA君に言った。A君は現場でどのようにして育ったのだろうか。

　例えば、このようなことが想定される。お昼休みに先輩と一緒に弁当を食べた後、先輩は本を開き、勉強をしていた。A君はその様子を見て、「僕も昼休みに勉強しよう」と思い立つ。そして、本を買ってきて昼休みの30分間、それを読むようにした。

　さらに先輩は、現場へ出掛けるときや帰宅時には机の上を必ず整理・整頓して出掛ける。A君も同じように、現場に出たり、家に帰るときには机の上をきれいにして出掛けるようにした。また、先輩は車を週に1度は洗車して、車中に余分な物は入れず、きれいな状態で乗っている。A君も先

輩を見習って車を洗車し、きれいな状態で運転するよう心掛けた。

　こんなふうに、日常的に学ぶ習慣を身に付け、常に身の回りの整理・整頓を進め、車や道具などの物を大事にする。これこそが、社会人としての成長なのだ。社会人として成長するうえで、先輩の行動や言動をまね、それが自分に身に付いたとしたら、その会社には「人が育つ土壌」があるといえるのだ。

　一方、先輩社員が一切部下の前で学ぶ行動を取らず、机の上は散らかり放題、車は汚れ放題だとすれば、どうだろう。きっと部下も同じように行動や言動をまねるに違いない。先輩社員や上司が模範的な態度を取り、後輩社員や部下がそれを見てまねることで、プラスの考え方が身に付き人は育つ。

　人を育てるには、次の3つの要素が重要だ。「やる気」「やり方」「やる場」だ。「やる気」を出すための手法が「育成」で、「やり方」を教育するための手法が「指導」に当たる。さらに、人が育つ職場環境である「やる場」を用意しなければならない。

3.OJT（職場内教育）とOFF-JT（職場外教育）

　指導の手法は大きく、OJT（職場内教育）とOFF-JT（職場外教育）に分けられる。OJTとOFF-JTにはそれぞれ長所と短所がある（図8-7）。

図8-7　OJT（職場内教育）とOFF-JT（職場外教育）

	OJT（職場内教育）	OFF-JT（職場外教育）
メリット	・社員の能力に合わせた個別指導ができる ・教育内容を実務に落とし込みやすい ・繰り返し、教育を実施できる	・講師がその分野の専門家である ・広い範囲の体系的な教育を受けられる ・受講者が学習に専念できる
デメリット	・教育を担当する上司の指導力が不足している場合がある ・教育の幅が狭くなりやすい ・時間的な制約から、学習に専念できないケースが多い	・受講者の能力と教育内容が完全に一致しない ・実務に落とし込むのが難しい ・繰り返しの教育が難しい

OJTのメリットは、「社員の能力に合わせた個別指導ができる」「教育内容を実務に落とし込みやすい」「繰り返し教育を実施できる」といった点だ。一方、デメリットは、「教育を担当する上司の指導力が不足している場合がある」「教育の幅が狭くなりやすい」「時間的な制約から学習に専念できないケースが多い」などである。

OFF-JTのメリットは、「講師がその分野の専門家である」「広い範囲の体系的な教育を受けられる」「受講者が学習に専念できる」といった項目だ。一方、デメリットとしては、「受講者の能力と教育内容が完全に一致しない」「実務への落とし込みが難しい」「繰り返しの教育が難しい」といった点が挙げられる。

つまり、OJTもOFF-JTも、それぞれにメリットとデメリットがある。それぞれをうまく組み合わせて活用する必要がある。

OJTによる指導方法は2つに大別できる。1つは現場指導だ。先輩や上司が、部下や後輩を現場で直接教える手法だ。もう1つは施工検討会や技術報告会に同席させたり、現場見学会に参加させたりするなど自社のイベントを通じて学ぶ方法だ。これもOJTといえる（図8-8）。

OFF-JTとは、社内外の研修に参加させることだ。課題図書や教材（DVD、CD、eラーニングなど）により学習するケースが代表的な例だ。

図 8-8　OJTとOFF-JTの具体的方法

	指導方法	
OJT	A 現場指導	B 社内研修（施工検討会、現場見学会）
OFF-JT	C 社内外研修	D 課題図書、教材学習（DVD、CD 等）

4. 必要能力一覧表の作成

　人材育成をするためには、必要能力一覧表を作成する必要がある。必要能力一覧表とは、社員の職種、レベルごとにどのような能力が必要か、OJT や OFF-JT によって、どのように育成するのかを一覧にして示したものである。

　図 8-9 に示すように、まず横軸に社員のレベルを記載する（図では、新入社員、若手社員、現場代理人、工事部課長、経営者と分けた）。そして縦軸には、必要な項目を記載する（図では、現場力として、品質、原価、工程、安全、環境、対応力、さらに営業力、人材力、組織力、財務力、経営管理力、資格、人間力と記載した）。各年代でどのような能力を、どのように身に付けなければいけないのかを示している。

　事例で説明しよう。必要能力一覧表の「新入社員 – 原価」の項目を確認すると、新入社員に必要な原価能力に、「出面の取り方」と書いてある。出面とは、その日の現場で作業をしている人の数を確認して記録することだ。

　続いて「歩掛かりのまとめ方」とある。作業員 1 人が 1 日当たりどれほどの作業量を生み出しているかを示すのが歩掛かりだ。その右側には「A 現場指導」とあるので、この内容は上司が部下に現場で指導せよ、と計画している。

　上司は部下に「出面を記録せよ」と言う。例えば、1 日に大工が 5 人出勤しているとする。部下は毎日それを野帳に記録する。

　その後月末になると上司は部下に「歩掛かりをまとめよ」と命じる。ここで、型枠を組んだ数量が 400m^2 で、出面の合計が 40 人日であれば、1 人 1 日当たり 10m^2 の型枠を組み立てたことになる。そこで、部下は上司に「歩掛かりは 10m^2/ 人日です」と伝えるのだ。

　このタイミングで、上司は「このような現場状況では型枠の歩掛かりが 10m^2/ 人日だとよく覚えておけよ。これが工程管理や原価管理の基本になる」と指導する。これが OJT だ。

図 8-9 必要能力一覧表（キャリア別）

項目		新入社員		若手社員		
		必要能力	育成方法	必要能力	育成方法	
現場力	品質	・写真の撮り方 ・測量技術 ・図面の読み方	D 写真撮影書籍 A 現場指導 B 社内研修	・共通仕様書、規格値 ・作業手順書の作成	C 若手社員研修 A 現場指導	
	原価	・出面の取り方 ・歩掛かりのまとめ方	A 現場指導	・原価計算、歩掛かり ・1000万円程度の 　実行予算の作成	C 若手社員研修 D 原価管理書籍	
	工程	・工程表の読み方	D 工程管理書籍	・マスター工程を基にして月間工程表、週間工程表を作成	C 若手社員研修 A 現場指導	
	安全	・KYK の方法 ・労働安全衛生法	A 現場指導 C 新入社員研修	・安全衛生会議開催 ・安全チェックの実施 ・届出書類の作成	C 若手社員研修 A 現場指導	
	環境	・マニフェストの 　管理	A 現場指導	・届出書類の作成	C 若手社員研修 A 現場指導	
	対応力 コミュニケーション 能力	・挨拶、マナー ・職人との話し方	C 新入社員研修 A 現場指導	・近隣との良好な関係 ・協力会社との関係	C 若手社員研修 A 現場指導	
営業力	技術営業	・近隣住民との 　良好な関係	A 現場指導	・現場近隣から営業情 　報入手	C 若手研修 D 技術営業書籍	
人材力	人材育成能力			・新入社員の育成指導	C 新人育成研修 D 人材育成書籍	
組織力	チームワーク	・報連相の意味を 　知って行動している	A 現場指導	・自主的な報連相ができる	A 現場指導	
財務力						
経営 管理力						
資格		・2級施工管理技士	B 社内勉強会 C 受験対策講座	・1級施工管理技士 ・二級建築士	B 社内勉強会 C 受験対策講座	
人間力	智：判断力、学び 仁：真心、思いやり 勇：行動力、前向き	・現場マナー習得	A 現場指導 D 課題図書	・先輩、上司心得習得	A 現場指導 D 課題図書	

| OJT | A 現場指導、B 社内研修（施工検討会、現場見学会） |
| OFF-JT | C 社内外研修、D 課題図書、教材学習（DVD、CD等） |

現場代理人		工事部課長		経営者	
必要能力	育成方法	必要能力	育成方法	必要能力	育成方法
• 施工計画書の作成 • 設計変更協議書の作成	C 現場代理人研修 A 現場指導	• 施工計画者のチェック • 社内検査の実施	A 現場指導 B 社内研修		
• 1000万円以上の実行予算の作成 • 原価低減	A 現場指導 C 現場代理人研修	• 予算検討会の開催 • 原価管理システムの構築	C 部課長研修 D 原価管理書籍	• 工事現場の統括管理	D 読書
• マスター工程表作成 • 工期短縮	B 社内研修 C 現場代理人研修	• 工程短縮提案 • 新工法の提案	C 部課長研修 C 新技術研修		
• 安全パトロール開催 • リスクアセスメントの実施	B 社内研修 C 現場代理人研修	• 店社パトロール • 監督署対応	A 現場指導 B 社内研修		
• 環境関連法の理解	C 現場代理人研修 D 環境法書籍	• 予防処置の立案	C リスクマネジメント研修		
• 発注者、協力会社との交渉力 • 地元説明会プレゼン	C 現場代理人研修 D 交渉力書籍	• もめた現場の是正 • 不祥事の対応	A 現場指導 B 社内研修	• 人心掌握力	C 経営研修 D ビジネス書
• 現場近隣から工事受注	C 現場代理人研修 D 技術営業書籍	• マーケティング • 受注計画の作成	C マーケティング研修 D マーケティング書籍	• トップ営業 • 新規事業開拓	C マーケティング研修 D マーケティング書籍
• 若手社員、協力会社職長の育成指導	C 人材育成研修 D 人材育成書籍	• 人事評価の実施 • 教育計画作成	C 人事評価研修 C 社内講師育成研修	• 人が育つ組織作り • 後継者育成 • 人材採用	C 経営研修 D 人材採用書籍
• 会議を主催できる	A 現場指導	• 若手社員の定着促進 • 新卒社員の採用	C 人材育成研修 D 人材育成書籍	• ブランド力の向上	C 経営研修 D ブランド構築書籍
• 損益計算書の理解	C 現場代理人研修 D 財務管理書籍	• 貸借対照表の作成	C 部課長研修 D 財務管理書籍	• 財務管理の実践 • 資金の調達	C 経営研修 D 財務管理書籍
		• 部門経営計画の作成	C 部課長研修 D 経営計画書籍 D ビジネス書	• 会社経営計画の作成 • BCP（事業継続計画）の構築	C 経営研修 D 経営計画書籍 D ビジネス書
• 1級施工管理技士×2 • コンクリート技士・診断士	C 受験対策講座	• 技術士（建設部門） • 一級建築士	C 受験対策講座	• 中小企業診断士	C 受験対策講座
• リーダーシップ習得	A 現場指導 D 課題図書	• マネジメント力習得	D 課題図書	• 経営トップ力習得	D 課題図書

図 8-10　必要能力一覧表（新入社員 5 年育成計画、年次別）

項目		細項目	1年目 必要能力	1年目 育成方法	2年目 必要能力	2年目 育成方法	
現場力	品質	測量	レベル、トランシットが使用できる	A 現場指導	座標計算ができる	D 測量書籍	
		写真管理			写真管理基準に基づいて写真撮影ができる	D 写真管理書籍	
		出来形管理					
		施工計画書の作成					
	原価	工事日報の作成	当日の工事日報を記入できる	A 現場指導	当日の原価を把握できる	A 現場指導	
		実行予算書の作成					
		請求書のチェック			物品購入時の金額が把握できる	A 現場指導	
		原価低減					
	工程	当日の作業内容把握	当日の作業内容を把握できる	A 現場指導	当日の作業状況を上司に報告できる	A 現場指導	
		明日の作業内容把握			明日の作業内容を把握できる	A 現場指導	
		工程表作成					
		工期短縮					
	安全	KYK の実施	KY 活動を記録できる	A 現場指導	率先して KY 活動ができる	A 現場指導	
		リスクアセスメントの作成					
		災害防止協議会にて発言					
		届出書類の作成					
		現場内の整理整頓	身の回りの整理整頓ができる	A 現場指導	現場の整理整頓を推進できる	A 現場指導	
		使用車両の管理					
	環境	マニフェストの理解	マニフェストを作成することができる	C 環境管理研修	廃棄物業者の契約を管理することができる	C 環境管理研修	
		近隣対応	近隣住民に対して気持ちよく挨拶することができる	A 現場指導			
		環境影響評価					
	対応力、コミュニケーション能力	対顧客とのコミュニケーション					
		対協力会社とのコミュニケーション	協力会社と対等に話をすることができる	A 現場指導	協力会社に指示をすることができる	A 現場指導	
		社内のコミュニケーション	上司とコミュニケーションができる	A 現場指導	社内会議で発言ができる	A 現場指導	
営業力	技術営業						
人材力	人材育成能力				部下の話を聞くことができる	C 人材育成研修	
組織力	チームワーク	報連相	上司からの指示に対して適切に報告することができる	C 報連相研修	適切なタイミングで相談ができる	C 報連相研修	
資格							
人間力	思いやり		自分のことよりも相手のことを考えた行動をしている	A 現場指導 D 自己啓発書籍			
	感謝力		ありがとうと言うことができる	A 現場指導 D 自己啓発書籍			
	学ぶ習慣		2カ月に 1 冊本を読んでいる	A 現場指導 D 自己啓発書籍	毎月 1 冊本を読んでいる	A 現場指導 D 自己啓発書籍	
	行動力		考えるよりも前に行動することができる	A 現場指導 D 自己啓発書籍	自分の担当現場以外の現場見学をしている	B 現場見学会	
	前向き		前向きな言葉を使っている	A 現場指導 D 自己啓発書籍	前向きな言葉で周囲を前向きにすることができる	A 現場指導 D 自己啓発書籍	
	約束順守		時間を守ることができる	A 現場指導 D 自己啓発書籍	提出書類の期限を守ることができる	A 現場指導 D 自己啓発書籍	

OJT　　A 現場指導、B 社内研修（施工検討会、現場見学会）
OFF-JT　C 社内外研修、D 課題図書、教材学習（DVD、CD 等）

3年目 必要能力	育成方法	4年目 必要能力	育成方法	5年目 必要能力	育成方法
測量リーダーとして工期に合わせた測量ができる	A 現場指導				
撮影した写真を整理することができる	D 現場管理書籍				
出来形を正確に計測することができる	A 現場指導	出来形管理表を作成することができる	A 現場指導	発注者の確認、立会い、打ち合わせができる	A 現場指導
上司の指導の下、施工計画書の一部を作成することが	A 現場指導	上司の指導の下、施工計画書を作成することができる	A 現場指導	自ら工夫した施工計画書を作成することができる	A 現場指導
先輩の指導の下、実行予算書を作成できる	A 現場指導 D 原価管理書籍	実行予算を作成できる	A 現場指導 D 原価管理書籍	施工中に最終予算原価を集計できる	A 現場指導 D 原価管理書籍
資材納入業者より見積書を取り寄せられる	A 現場指導				
				原価低減提案、VE 提案を作成できる	C 原価低減研修 D 原価管理書籍
週間工程表を作成できる	A 現場指導	月間工程表を作成できる	A 現場指導	全体工程表を作成できる	A 現場指導
				工期短縮提案を作成できる	C 工期短縮研修 D 工程管理書籍
リスクアセスメントができる	C リスクアセスメント研修	リスクアセスメントの結果、対策を立案できる	C リスクアセスメント研修	安全パトロールで危険箇所を指摘できる	A 現場指導
災害防止協議会で発言ができる	A 現場指導	災害防止協議会の司会ができる	A 現場指導	災害防止協議会の運営ができる	A 現場指導
労働基準監督署への届出書類を作成できる	C 安全研修				
協力会社を指導して整理整頓を推進できる	A 現場指導				
使用機械の点検ができる	A 現場指導	使用機械の整備ができる	A 現場指導		
		近隣住民に工事内容を説明することができる	C プレゼンテーション研修	近隣住民のクレームに対応することができる	C 交渉研修
環境影響評価をすることができる	D 環境管理書籍	環境影響評価をもとに対策を立案することができる	D 環境管理書籍		
顧客との打ち合わせをすることができる	A 現場指導	顧客の要望に応じて提案書を作成することができる	C 提案研修	顧客と交渉をすることができる	C 交渉研修
協力会社からの質問に的確に回答することができる	A 現場指導	協力会社と交渉をすることができる	C 交渉研修		
社内の雰囲気を明るくすることができる	D 人材育成書籍	部下を育成することができる	C 人材育成研修		
顧客に営業提案をすることができる	C 技術営業研修	顧客から新規工事を受注することができる	C 技術営業研修		
部下の指導をすることができる	C 人材育成研修	部下の成長を支援することができる	C 人材育成研修	部下から尊敬されることができる	C 人材育成研修
自分の持っている情報を関係者に連絡することができる	C 報連相研修				
2 級施工管理技士	C 受験講座			1 級施工管理技士	C 受験講座
勉強会に自主的に参加している	A 現場指導 D 自己啓発書籍				
施工検討会に参加している	B 施工検討会				
不言実行できる	A 現場指導 D 自己啓発書籍				

図 8-11　進捗確認シート　新入社員　　氏名（田中三郎）　　上司（山田太郎）

項目	細項目	1年目 必要能力	1年目 育成方法	4月	5月	
現場力 / 品質	測量	レベル、トランシットが使用できる	A 現場指導	使用方法は理解したがまだ時間がかかる	レベル据え付け時間が5分以内になった	
	写真管理					
	出来形管理					
	施工計画書の作成					
原価	工事日報の作成	当日の工事日報を記入できる	A 現場指導	日報を書けているがまだ空欄が多い	出面を書くことができるようになった	
	実行予算書の作成					
	請求書のチェック					
	原価低減					
工程	当日の作業内容把握	当日の作業内容を把握できる	A 現場指導	まだ十分に把握できていない	職長に確認することができるようになった	
	明日の作業内容把握					
	工程表作成					
	工期短縮					
安全	KYKの実施	KYK活動を記録できる	A 現場指導	メンバーとして参加している	危険のポイントが分かるようになった	
	リスクアセスメントの作成					
	災害防止協議会にて発言					
	届出書類の作成					
	現場内の整理整頓	身の回りの整理整頓ができる	A 現場指導	まずは自分の机の上をきれいにしたい	洗車をするようにしている	
	使用車両の管理					
環境	マニフェストの理解	マニフェストを作成することができる	C 環境管理研修	廃棄物の分類方法を理解できた	マニフェストの書き方が少し分かった	
	近隣対応					
	環境影響評価					
コミュニケーション能力	対顧客とのコミュニケーション					
	対協力会社とのコミュニケーション	協力会社と対等に話をすることができる	A 現場指導	年長の職人と話しづらい	職人とまだ距離がある	
	社内のコミュニケーション	上司とコミュニケーションができる	A 現場指導	担当上司とはうまく話ができる	個人面談を3回実施した	
営業力 / 技術営業						
人材力 / 人材育成能力						
組織力 / チームワーク	報連相	上司からの指示に対して適切に報告することができる	C 報連相研修	研修で報告、連絡、相談の違いを理解できた	報告が遅れ気味である	
資格						
人間力 / 思いやり		自分のことよりも相手のことを考えた行動をしている	A 現場指導 D 自己啓発書籍	現場のトイレ掃除をしている	上司に勧められた本を読んだ	
感謝力		ありがとうと言うことができる	A 現場指導 D 自己啓発書籍	感謝力の本を読んだ	先輩に感謝の言葉を伝えている	
学ぶ習慣		2カ月に1冊本を読んでいる	A 現場指導 D 自己啓発書籍	「技術者の品格其の1」を読破した	「技術者の品格其の2」を読破した	
行動力		考えるよりも前に行動することができる	A 現場指導 D 自己啓発書籍	まだ行動できていない	まだ行動できていない	
前向き		前向きな言葉を使っている	A 現場指導 D 自己啓発書籍	すぐ後ろ向きの言葉を使ってしまう	すぐ後ろ向きの言葉を使ってしまう	
約束厳守		時間を守ることができる	A 現場指導 D 自己啓発書籍	朝礼に2度遅刻した	書籍を1冊読破した	

	6月	7月	8月	9月	担当上司所感
	OJT	**A** 現場指導、**B** 社内研修（施工検討会、現場見学会）			
	OFF-JT	**C** 社内外研修、**D** 課題図書、教材学習（DVD、CD 等）			

	6月	7月	8月	9月	担当上司所感
	トランシット据え付け時間が5分以内になった	座標計算が理解できた	図面を見て、墨を出せるようになった	逃げ墨を打てるようになった	測量の理解が進んだ。今後は丁張りをかけることができるようにしたい
	職人と工種が一致するようになった	型枠工の歩掛かりを計算した	鉄筋工の歩掛かりを計算した	足場工の歩掛かりを計算した	日報を正確に書けるようになってきた。今後は翌日の作業を理解できるようにしたい
	かなり本日の作業内容を理解できるようになった	作業内容の変更時の処理が分からない	どの程度工事が進んでいるのかを理解したい	どの程度工事が進んでいるのかを理解できる	本日の作業内容の理解は進んだ。次は翌日の作業を想定できるようにしたい
	参加者の意見を引き出せるようになった	対策がまだ理解できない	対策が少し分かるようになった	KYKシートの記載方法を理解できた	KYKは安全活動の基本である。より作業者の意見を引き出せるように工夫しよう
	水平直角にものを置くようにしている	物の置き場に表示をつけた	物の置き場に発注期限を記載した	5Sの意味を教えてもらった	5Sは現場の基本である。まずは身の回りの5Sを進める事から始めよう
	実際にマニフェストを書いてみた	処理業者の契約書のチェックを行った	処理業者の許可期限切れを見つけることができた	中間処分場に見学に行った	廃棄物処理法の理解を進めるとともに、削減方法についても理解したい
	厳しい表現で言われるとひるんでしまう	仕事の指示をすることができた	敬語を使うことができるようになってきた	職人にコーヒーをおごってもらった	ベテランの職人には経緯を表しながらも、きちんと指示ができるようにしたい
	本社の部長と話をした	社長が現場に来てくれて面談をした	面談で困っていることを相談することができた	まだ本音で話すことができない	上司や先輩に対して考えていることを話すことができるようになってほしい
	誰に連絡をしたらよいかが理解できない	メールで報告、連絡方法を学んだ	相談が遅れ現場で問題になった	報告、連絡、相談の意味を再度勉強した	報連相は社会人の基本である。こまめな報連相をすることを心掛けること
	落ちているゴミを拾うようにした	コンビニで募金をした	電車で席を譲った	トイレ掃除が習慣化してきた	思いやりの気持ちと行動が身に付いてきている。継続してほしい
	職人に感謝の言葉を伝えた	離れて暮らす両親に感謝の手紙を書いた	社長に感謝の手紙を書いた	トイレ掃除が習慣化してきた	小さなことにでも感謝の言葉を伝えることができるようになってほしい
	家にあった推理小説を読むようにした	2級施工管理技士の勉強を始めた	資格試験の勉強を毎日30分している	資格試験の勉強を毎日50分している	毎日少しずつでも学ぶ習慣を身に付けてほしい
	会議で発言できるようになった	名前を呼ばれたらすぐに「はい」と言える	会社の電話に出ることができる	書籍を1冊読破した	考える前に行動できるようになってほしい
	いや、だめ、忙しいを言わないようにしている	朝礼の体操をだれよりも一所懸命にやる	書籍を1冊読破した	頼まれたことは「はい喜んで」と引き受ける	前向きさが表情に出てきた。これを継続してほしい
	勤務報告書の提出が遅れた	集合時間には遅れなくなった	提出期限を守ることができるようになった	自分との約束事を守れないことがある	約束を守ることは社会人の常識である。心して実施すること

図 8-9 では、このように「出面の取り方」や「歩掛かりのまとめ方」を理解させるのは、上司が部下に対して「現場指導」で行うという計画を記しているのだ。若手社員では原価計算や歩掛かりの取り方、1000 万円程度の実行予算の作成という能力を身に付けなければならない。こうしたスキルは、C. 若手社員研修やD. 原価管理の書籍を基に習得するよう計画されている。

現場代理人は、1000 万円以上の実行予算の作成や、原価低減手法を身に付ける必要があり、これは、A. 現場指導によるOJT と、C. 現場代理人研修による社外研修で身に付けるという計画だ。

工事部課長には、予算検討会の開催や、原価管理システムを構築する能力が必要と記載している。これは、C. 部課長研修やD. 原価管理書籍を基に習得するような計画だ。

さらに新入社員の欄に記載されている内容を縦に読むと、A. 現場指導の項目として、「測量技術」「歩掛かりのまとめ方」「KYK の方法」「マニフェストの管理」「職人との話し方」「近隣住民との良好な関係」「報連相の意味を知って行動している」「現場マナー習得」とある。

つまり、新入社員と一緒に働く先輩や上司は、これらの項目を現場でOJT として指導しなければならないのだ。BやC、D の項目に当たる項目は、本社の部長や課長が教育の機会を設定して、新入社員に指導する。

このように、各年代に必要な能力とその育成方法をまとめることで、計画的な技術者の指導が可能になる。

次に、図 8-10 の「新入社員 5 年育成計画」を見てほしい。ここには、横軸に 1 〜 5 年目まで、縦軸には必要能力を記載した。つまり、5 年間で身に付けるべき必要能力とその育成方法を一覧にしている。

とりわけ、入社から 5 年間は詳細に計画を立て、緻密に教育をすることが欠かせない。そのためには、この表のように 5 年間の育成計画を立て、計画に沿ってOJT とOFF-JT を実践する必要がある。

これをもとに、月次で進捗確認することも重要だ。図 8-11 の「進捗確認シート」を基にして、教育がどのように進んでいるかを確認すると、より

計画的に育成できる。

5. 教育訓練計画の作成

「必要能力一覧表」を基に、図 8-12 の「教育訓練計画書」を作成する。新入社員、若手社員、現場代理人、工事部課長、経営者などに分けて、OJT、OFF-JT で行うべきことを記載する。この 1 年間、各年齢層の社員にどのような教育を実施するのかを計画したものだ。

多くの会社では、社内研修や、社外研修の計画を立てている。だが、現場指導や教材学習の計画は立てていないケースが多い。しかし、「計画なくして実践なし」の言葉の通り、まずは計画を立て、そのうえで実践をしていくことが欠かせない。

またどのような研修、教材を社員に提供するのかを示した「研修、教材一覧表」を作成すると、計画的に教育を実施できる（図 8-13）。特に各年代の社員に必ず読んでほしい書籍を一覧にして、会社の図書室などに整備することは重要だ。経営者、経営幹部が自ら読んだ本の中から自社の社員にとって必要な書籍を抽出しておくことは、能力の向上とともに、自社で大切にする価値観を共有する意味でも重要だ。

続いて「教育・訓練実施要領」を作成する（図 8-14）。教育・訓練実施要領には、教育、訓練の目的、責任、基本的な考え方とともに、教育訓練の手順を記載する。

さらに、「教育訓練実施要項」には、費用負担についても明記する方がいい。事例では、A 研修、B 研修、C 研修に分かれている。そして、教育訓練の期間が出勤扱いなのか欠勤扱いなのか、研修期間などに払う費用は会社負担なのか自己負担なのか、交通費や宿泊費、日当が支払われるのか否かなどを規定する。

なお、ここで A 研修とは、社命による教育訓練を指す。会社が社員に対

図 8-12　教育訓練計画書

新入社員

		何を	誰が	いつ	どのようにして
OJT	現場指導	● KYK ● 測量技術	● 現場上司	● 朝 ● 随時	● 現地指導
		● 個人面談	● 現場上司	● 1回／月	● 悩み事、困り事を聞く
	社内研修	● 現場見学会	● 管理部長	● ●月、●月	● 感想文レポート
		● 社内新入社員研修	● 管理部長	● 4～6月	● 社内業務手順 ● 図面作成法　● 報連相
OFF-JT	社外研修	● 新入社員研修	● 研修講師	● ●月、●月	● 教育機関主催研修
	教材学習	● 書籍「●●」(マナー、社会人の基本)	● 管理部長	● 年 6 冊	● 感想文レポート
		● e ラーニング	● 管理部長	● 2 種類	● 感想文レポート

若手社員

		何を	誰が	いつ	どのようにして
OJT	現場指導	● 作業手順書　● 週間／月間工程表 ● 工種別実行予算書	● 現場代理人	● 随時	● 過去の施工事例を基に教育する
		● 週間工程会議	● 現場代理人	● 毎週金曜日	● 工程確認方法を教育する
	社内研修	● 施工検討会への参加	● 工事部課長	● 随時	● レポート作成
		● 施工管理研修	● 現場代理人	● ●月、●月	● レポート作成
OFF-JT	社外研修	● 資格取得研修　● 現場マナー教育 ● 現場コミュニケーション技術研修	● 研修講師	● ●月、●月	● 教育機関主催研修
	教材学習	● 書籍「●●」 (技術文章の書き方、プレゼンの手法)	● 現場代理人	● 年 6 冊	● 感想文レポート
		● e ラーニング	● 現場代理人	● 2 種類	● 感想文レポート

現場代理人

		何を	誰が	いつ	どのようにして
OJT	現場指導	● 施工計画書　● 全体工程表 ● 実行予算書	● 工事部課長	● 着工 2 週間前	● 過去の施工事例を基に教育する
		● 工事会議	● 工事部課長	● 毎月 20 日	● 予算厳守方法を教育する
	社内研修	● 施工検討会の開催	● 工事部課長	● 着工 1 週間前	● 施工計画、予算の見直し
		● 現場代理人研修	● 工事部課長	● ●月、●月	● レポート作成
OFF-JT	社外研修	● 新工法、新技術研修 ● 原価低減研修　● 工期短縮研修 ● 技術提案作成	● 研修講師	● ●月、●月	● 教育機関主催研修
	教材学習	● 書籍「●●」(技術書籍)	● 工事部課長	● 年 6 冊	● 感想文レポート
		● DVD 学習	● 工事部課長	● 2 本	● 感想文レポート

工事部課長

		何を	誰が	いつ	どのようにして
OJT	現場指導	• 部門経営計画書	• 経営者	• 期首1カ月前	• 社の経営方針を基にして教育する
		• 経営進捗確認会議	• 経営者	• 毎月30日	• 経営計画厳守方法を教育する
	社内研修	• 経営計画検討会の実施	• 経営者	• 期首1カ月前	• 部門経営計画の見直し
		• 社長塾の開催	• 経営者	• 毎月1回	• 人間力教育
OFF-JT	社外研修	• 人材育成研修　• 経営計画作成研修　• マーケティング研修	• 研修講師	• ●月、●月	• 教育機関主催研修
	教材学習	• 書籍「●●」（人材育成、マネジメントに関する書籍）	• 経営者	• 年12冊	• 感想文レポート
		• DVD学習	• 経営者	• 4本	• 感想文レポート

経営者

		何を	誰が	いつ	どのようにして
OJT	現場指導	—	—	—	—
		—	—	—	—
	社内研修	—	—	—	—
		—	—	—	—
OFF-JT	社外研修	• BCP研修　• 新規事業開拓研修	• 研修講師	• ●月、●月	• 教育機関主催研修
	教材学習	• 書籍「●●」（経営指南書）		• 年24冊	• 感想文レポート
		• DVD学習		• 6本	• 感想文レポート

して、社命として受けさせる教育だ。B研修は、従業員の希望による教育訓練に当たる。会社が業務との関連性が深く必要と認めた教育訓練を指す。C研修は、従業員の希望による教育訓練。経営者が必要と認めた教育訓練に相当する。自主的な教育を促すためには、B研修、C研修の予算を確保することが重要だ。成長している会社は1年間当たり10万円／人を計上しているケースが多い。

　教育訓練の実施前には所定の書式で申請し、事後に必ず報告をさせる。

図 8-13　研修・教材一覧表

		内定者	新入社員	若手社員	現場代理人	工事部課長	経営者
研修	外部研修	内定者研修	新入社員研修	1級施工管理技士受験対策講座	原価低減研修	財務管理研修	
		建設業で働くということ	マナー研修	建設業法研修	工期短縮研修	組織管理者研修	
		建設工事現場実習	コミュニケーション研修	環境管理法研修	技術提案作成研修	システム構築研修	組織構築研修
	社内研修	職場研修（インターン）	就業規則研修	実行予算作成研修	工事成績向上研修	人事評価者研修	
		現場見学会	現場見学会	部下育成研修	施工検討会参加	組織管理者研修	
		社員との懇談会	安全管理研修	職場ローテーション	コンプライアンス研修	人心掌握研修	
教材	DVD	建設業で本当にあった心温まる物語	職場マナー	施工管理技士受験対策講座	原価低減DVD	人事評価eラーニング	経営計画
		黒部の太陽	現場運営の基本	部下育成研修	工期短縮DVD	組織管理者研修	人事評価
		海峡	現場基本技能	コンクリート工学／土質工学	理科系の論文技術	人材育成	イノベーション
	書籍	建設業で本当にあった心温まる物語	技術者の品格	ビジネスマンの父より息子への30通の手紙	今すぐできる建設業の原価低減	もし高校野球の女子マネージャーがドラッカーの「マネジメント」を読んだら	人を動かす
		鏡の法則	マネジメントの流儀	小さな人生論	今すぐできる建設業の工期短縮	日本でいちばん大切にしたい会社	道は開ける
		あとからくる君たちへ伝えたいこと	夢をかなえるゾウ	社会人として大切なことはみんなディズニーランドで教わった	その一言で現場が目覚める～建設工事に学ぶ「リーダー」のコミュニケーション術～	売れる会社のすごい仕組み	生き方

図 8-14　教育・訓練実施要領（例）

1．目的
当社が実施する教育・訓練について以下に定める。

2．責任者
社長を責任者とする。

3．基本的な考え方
［人事理念］
当社は次に挙げる人事理念の下、人材育成を実施する。

人事理念
感謝　前進　改革

1．感謝の心を持って人に関わり、顧客に心から満足していただくことを実践する人。
2．常に前進し続けて、仕事を通じて自らの成長に努める人。
3．改革の気概と●●社の代表という自覚を持って、企業イメージの向上に努める人。

［基本姿勢］
会社は従業員の自主性を尊重し、教育の機会を均等に与え、従業員が自らの資質向上のため自主的に教育・訓練できるようにする。社員の成長なくして、会社の発展はない。会社は積極的に人材育成を行い、社員は自ら成長することを自らに課さなければならない。

［教育・訓練を受ける義務］
従業員は仕事を通じて学び、会社の指示する教育を進んで受ける。さらに、自らの進歩と向上に最善を尽くさなければならない。

4．手順
4-1　教育訓練計画
教育訓練計画は、会社の経営理念と密着・不可分のものでなければならない。教育訓練計画は、経営上、並びに職務遂行上の諸問題を調査分析し、明確な教育訓練計画に基づかなければならない。
社長は毎年9月に「教育訓練計画書」を作成する。教育を受ける際は、「教育訓練申請書」を作成する。

4-2　教育訓練の内容
教育訓練は以下の3種類に分けて実施する。
（1）A研修
社命による教育訓練
・教育訓練期間は出勤扱いとする。
・外部研修機関に支払う費用は会社負担とする。
・交通費、宿泊費、日当は規定に従って会社負担とする。

(2) B 研修

　従業員の希望による教育訓練で、社長が業務との関連性が深く必要と認めたもの

・教育訓練期間は、通常業務日の教育訓練に限り出勤扱いとする。

・外部研修機関に支払う費用は会社負担とする。

・交通費、宿泊費は規定に従って会社負担とする。

・日当は支払わない。

(3) C 研修

　従業員の希望による教育訓練で、社長が必要と認めた教育訓練

・教育訓練期間は欠勤扱いとする（有給休暇を利用する）。

・外部研修機関に支払う費用の 30％は会社負担とする。

・交通費、宿泊費は自己負担とする。

・日当は支払わない。

4-3　報告

　社内の各教育訓練を受講した者は、終了後速やかに社長に報告しなければならない。外部各種機関による教育訓練を受講した者は、帰社後 1 週間以内に「教育訓練報告書」を作成し、社長に提出しなければならない。

5. 資格取得

（1）報奨制度

　以下の資格を取得した場合は報奨金を支払う。なお、(2) 以下の事項については、(1) の資格を対象として規定する。

・技術士（30 万円）

・1 級建築士（30 万円）　　　　　・1 級建設業経理士（30 万円）

・2 級建設業経理士（20 万円）　　・3 級建設業経理士（2 万円）

・1 級土木、建築、管工事、造園、舗装、電気工事施工管理技士（20 万円）

・建築設備士（20 万円）　　　　　・社会保険労務士（8 万円）

・中小企業診断士（8 万円）　　　・宅地建物取引士（20 万円）

・VEL（3 万円）　　　　　　　　・CVS（8 万円）

（2）受験費用　　受験料は合格したときに限り支払う。

（3）登録費用　　社長が必要と認めた場合は、登録費用を会社負担とする。

（4）業務　　　試験日は出勤扱いとする。交通費、宿泊費は会社負担とする。日当は支払わない。

6. 関連文書

「教育訓練申請書」（図 8 − 15）

7. 関連記録

「教育訓練報告書」（図 8 − 16）

以下に「教育訓練申請書」（**図 8-15**）と「教育訓練報告書」（**図 8-16**）を示す。事前申請や教育終了後の報告で用いる書式だ。

　建設業では、資格取得も重要な人材育成となる。その際、報奨制度や受験費用の負担、登録の費用、受験日が業務か否かといった点についても、会社として明確なルールを設定すべきだ。

図 8-15　教育訓練申請書

[事前申請項目]

教育訓練申請書

氏名		申請日	年　　月　　日
教育内容	□外部研修（助成金可）　□外部研修（助成金不可） □書籍、DVD 等教材購入 □研修、コンサルティング同行交通費 □面談教育（会場費、飲食費　3000 円 / 人上限） □勉強会参加（会場費、飲食費　3000 円 / 人上限）		
教育訓練名			
教育訓練日程	年　　月　　日　　：　～　　：　　（資料添付のこと）		
研修種別	□通常業務時間に実施（AB 出勤扱い、C 有給休暇扱い、C 欠勤扱い） □通常業務時間以外に実施（A 出勤扱い、BC 休日扱い） □ A 研修（社命による研修） □ B 研修（業務に関係が深い研修） □ C 研修（業務に関係が深くない研修）		
研修費用、交通費等	研修費用：　　　　　　　円　　交通費等：　　　　　　　　円 （通信教育の場合、修了書受領後の経費支払いとなる）		
年度累計費用 （A 研修除く）	円		
教育訓練の目的			
研修後の清算	□ 研修費用　　　□ 交通費等	承認	

※本申請書による事前申請なき場合は、教育訓練にかかる経費とは認めない
※ B、C 研修の場合研修費用は修了後清算となる

図 8-16　教育訓練報告書

[研修後報告]

教育訓練報告書

（実施後１週間以内に報告のこと。報告なき場合、経費を支払わない）

報告者氏名　　　　　　　　　　　　　　実施日：　　年　　月　　日

報告日：　　年　　月　　日　　　　　　　　　承認

6. 研修の進め方

　研修を進めるに当たって、決定すべきことを解説する。

日程の決定

　業務の繁閑を考慮して日程を決める。平日開催か土曜日開催か、1日研修か半日研修かを検討する。

講師の決定

　社内講師か社外講師かを検討する。社内講師であれば、その育成をしな

ければならない。社外講師であれば、適切な講師を選定する必要がある。

教材の決定

　研修に当たっての教材としては、書籍、DVD、CD、e ラーニングなどがある。研修内容や自社に適する教材を設定する必要がある。

参加者の決定

　研修に誰が参加するのかを決める必要がある。全社員を対象とした研修なのか、部門別に分かれた研修なのか、役職などの階層別の研修なのかを明確にする。

　社内研修のメリットは、社員の能力に合った内容で実施しやすい点だ。一方、講師の育成が必要な点が難しい部分となる。なお、講師の育成は外部の機関で行う方が望ましい。

　社外研修では、専門家による講義を受けられる。デメリットとして、研修内容が受講生に合わないこともある点は注意が必要だ。社長や経営幹部が実際に社外研修を受講して、自社に合うかどうかの判断が必要となる。

　教材の種類に応じて、その活用方法が異なるので、以下に整理しておく。

書籍

　メリットは、いつでもどこでも読める点だ。読むことは文章力の強化にもつながる。半面、本を読むには根気が必要で、技術者のなかには苦手意識がある人も少なくない。社長や経営幹部が課題図書を選定するのが好ましい。

DVD

　若手社員は動画に慣れているので、比較的抵抗なく活用できる。ただし、商品によって品質の差が大きい点には注意が要る。

CD

　メリットは、車で移動中にも学べるところだ。ただ、聞くだけでは学習内容のイメージが湧きにくいケースも少なくない。

7. 個人別キャリアプランの作成

　人材育成とは、その人に必要な資質（能力、熱意、考え方）を教育を通じて高めることだ。資質が向上すると、行動が変わる。そして、行動が変わる結果として成果が出る。

　一方、その人の資質が向上したかどうかは、外からは見えにくい。脳や心の中身が見えないように、資質が上がったか否かは外見上では分からないのだ。

　では、資質の向上は何をもって計るのか。それは、決断力の向上といった行動に表れる。「対応力」が上がると相手とのやりとりがスムーズになり、お互いの表情が笑顔になりやすくなる。

　言葉や行動、表情が改善していれば、熱意が上がった証拠だ。「考え方」がプラスになっていれば、8つの徳である仁・義・礼・智・忠・信・孝・悌に基づいた行動をしていることが外から見て分かる。

　つまり、人の成長は行動の変化で確認できるわけだ。では、どのような行動が望ましいのか。これを個人別に、1年後、3年後、5年後に必要な行動、能力を一覧にしたものが「個人別キャリアプラン」だ（**図8-17**）。

　このシートは、工事部1課の山田太郎さん（25歳）におけるキャリアプランだ。現在は工事部1課に所属しており、上司が期待する能力、期待する行動には、「事前に仕事の段取りを十分に行い、注意深く行動する」「相手の意見や指摘を受け入れる素直さがある」「基本的なコミュニケーション力を有している」「実行予算作成の基本を習得している」とある。そして、右側にそれぞれをどのように習得するかが書かれている。

図 8-17 個人別キャリアプランのシート

●年度個人別キャリアプラン
(●年●月●日～●年●月●日)

対象者氏名　山田太郎　　　年齢　25歳　　　所属　工事部第1課　　　指揮者氏名　田中次郎

5年後 (20●●年)　　計画（ポスト）：工事部第1課　現場代理人

期待する行動・能力	習得方法	手段		
その存在や言動が、チームの目標達成意欲をみなぎらせる	課内会議の司会をし、目標の進捗確認を行う	OJT OFF-JT	■現場指導 □社外研修	□社内研修 □課題図書
業界で一流と言われる知識と技能を習得している	コンクリート工学研修を受講する	OJT OFF-JT	□現場指導 ■社外研修	□社内研修 □課題図書
先見性、革新性を持って課題をとらえる	改善提案書を毎月2枚作成する	OJT OFF-JT	■現場指導 □社外研修	□社内研修 □課題図書
部下、後輩に気づきを与え、仕事を通じて計画的に人間性を高め、成長させる	人材育成研修を受講する	OJT OFF-JT	□現場指導 ■社外研修	□社内研修 □課題図書
部下や職長と1対1のコミュニケーションを取ることができ、悩み事、相談事に対応できる	部下、職長との個人面談を実施する（毎月2名）	OJT OFF-JT	□現場指導 □社外研修	■社内研修 □課題図書

3年後 (20●●年)　　計画（ポスト）：工事部第1課　主任

期待する行動・能力	習得方法	手段		
自己の足りない部分や知識、技能を自ら積極的に取り入れている	毎月2冊読書してレポートを書く（ビジネス書）	OJT OFF-JT	□現場指導 □社外研修	□社内研修 ■課題図書
プレゼンテーションで相手の心をつかむことができる	プレゼンテーション研修を受講する	OJT OFF-JT	□現場指導 ■社外研修	□社内研修 □課題図書
必要な資格を取得している	1級施工管理技士試験受験対策講座を受講する	OJT OFF-JT	□現場指導 ■社外研修	□社内研修 □課題図書
原価管理の基本を理解している	予算検討会に参加し、他現場の予算作成方法を学ぶ	OJT OFF-JT	□現場指導 □社外研修	■社内研修 □課題図書
あらかじめ予測されるトラブルを想定し、予防策や代替案を用意する	リスクアセスメントセミナーを受講する	OJT OFF-JT	□現場指導 ■社外研修	□社内研修 □課題図書

1年後 (20●●年)　　計画（ポスト）：工事部第1課

期待する行動・能力	習得方法	手段		
事前に仕事の段取りを十分に行い、注意深く行動する	前日のうちに、翌日作業の図面を確認し、測量道具などの準備をしておく	OJT OFF-JT	■現場指導 □社外研修	□社内研修 □課題図書
相手の意見や指摘を受け入れる素直さがある	書籍「技術者の品格」其の一、其の二、其の三を読みレポートを書く	OJT OFF-JT	□現場指導 □社外研修	□社内研修 ■課題図書
基本的なコミュニケーション力を有している	上司との面談を行う（毎月1回）	OJT OFF-JT	■現場指導 □社外研修	□社内研修 □課題図書
実行予算作成の基本を習得している	1000万円の実行予算を作成する	OJT OFF-JT	■現場指導 □社外研修	□社内研修 □課題図書
業務を効率的に実施する	日報、歩掛かりまとめを遅れずに作成する	OJT OFF-JT	■現場指導 □社外研修	□社内研修 □課題図書

例えば、「前日のうちに翌日作業の図面を確認し、測量道具などを準備しておく」。これは、OJTの現場指導で確認をする計画だ。「書籍を読みレポートを書く」については、課題図書で行う。さらに、毎月1回、上司と面談を行い、1000万円の実行予算を作るなどする。これは現場指導で習得させる項目だ。

シートには、必要な行動・能力と習得方法、そして育成手段を記載しておく。加えて、3年後や5年後に期待する行動と習得方法を明確にしておき、施工管理技術者としてどのようなスキルを向上させなければいけないのかを分かりやすくしておくのだ。

8. OJT指導者の育成

OJT指導者はどのような能力を高めなければいけないのだろうか。ここで一緒に考えてみよう（図8-18）。

迷わず選べたであろうか。

まずは図8-19を見てほしい。縦軸は「熱意」、横軸は「能力」を示す軸だ。熱意、能力がともに高い人がエリアＩとなる。エリアＩに入る人は「成果を出す人」だ。

エリアⅡは、熱意が高いものの能力が低い人。新入社員や若手社員が相当する。

エリアⅢは、能力は高いものの熱意が低い人。熱意が低いベテラン社員が該当するだろう。淡々と仕事をこなす半面、部下を育成したり、新たな技術や工法にチャレンジしたりする熱意に欠ける人だ。

エリアⅣは、熱意も能力も低く、「人罪」とも呼ばれる人だ。

本演習の解答は、まずは❶「9. 動機付け能力が高い」ことが大切だ。「1. 褒め方がうまい」「2. 叱り方がうまい」「7. 傾聴能力が高い」は、この動機付け能力を高めるための手段である。これは部下の熱意ややる気を高め、コッ

演習

図 8-18 には、部下の指導に必要な 10 項目の能力が記載されている。
1. 褒め方がうまい、2. 叱り方がうまい、3. 教育計画を立案できる、
4. 権限委譲を実践できる、5. 仕事ができる、6. 指導技術が高い、
7. 傾聴能力が高い、8. 模範的態度で行動する、9. 動機付け能力が高い、
10. 話し方がうまい。
さて、このうち部下指導に必要な能力として優先順位が高いものを 4 つ選定し、その理由を書いてほしい。

図 8-18　指導者にとって重要な項目を 4 つ挙げよ

NO	項目	○印	理由
1	褒め方がうまい		
2	叱り方がうまい		
3	教育計画を立案できる		
4	権限委譲を実践できる		
5	仕事ができる		
6	指導技術が高い		
7	傾聴能力が高い		
8	模範的態度で行動する		
9	動機付け能力が高い		
10	話し方がうまい		

プを上に向ける「育成」にほかならない。コップが上を向かない限り、人材は育てられない。

2 つ目は❷「6. 指導技術が高い」ことだ。「3. 教育計画を立案できる」「10. 話し方がうまい」は、この指導技術の一手段となる。部下に必要な資質を身に付けさせる「指導」とは、上を向いたコップに水を入れることに当たる。

図 8-19　能力と熱意から見る人材像

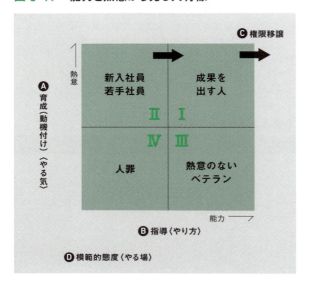

　エリアⅡの新入社員、若手社員の能力を上げるために「指導」すれば、エリアⅠの成果を出す人に育ってくるはずだ。しかし、実際にはエリアⅢの熱意のないベテランになってしまう例は少なくない。そうならないようにするには、新入社員、若手社員には「指導」とともに「育成」を継続して行う必要がある。

　3つ目に重要な項目は、❸「4.権限委譲を実践できる」こと。新たな業務を実施させ、部下の能力の幅を広げることが肝要になる。そうした経験を積んで、部下は一歩上の段階に成長できる。

　権限委譲の対象者は、エリアⅠとⅡの熱意がある人だ。熱意があるからこそ、立場以上の権限の付与によってさらに育つのだ。

　最後の1つが❹「8.模範的態度で行動する」という点だ。「5.仕事ができる」とは、この模範的態度である行動の一つといえる。上司が部下の前で、模範的態度で行動し、部下の見本になることが大切だ。そうすれば、組織は「人が育つ土壌」となり「人が育つ」会社になる。

なお、ここで上司や先輩の模範的態度とはどのようなものか考えてみる。

❶高い専門技術、技能を持つ

建設技術・技能の高い専門性を持っており、現場で結果を出している

❷思いやりがある

自分のことよりも、部下や協力会社、会社全体のことを思う気持ちを持っていて、利他の気持ちで行動している

❸魅力がある

外観の見栄えがよく、清潔な身だしなみを心掛けている。さらに内面的にも、愚痴や不平不満を言わず、いつも前向きな行動や言動をしている

❹厳しく指導する

社会人としてあるべき行動や言動をしていないときに、きちんと厳しく親身になって叱る

❺一貫性がある

自分自身の考えに軸があり、たとえ周りの状況が変わっても、判断が一貫している

Ⓐ〜**Ⓓ**の4つの資質を高めることが、OJT の指導者には欠かせない。4つの資質をどのような行動で示すべきかを次の**図 8-20**に示す。OJT 講師や上司、先輩として部下を指導する人は注意して行動したい。

図 8-20　行動で示すべき項目

育成（動機付け）	
	会社の方針を明確に示し、業績の状況について部下によく伝えている
	会社の方針、上司としての自身の方針を部下によく理解させている
	部下の会社での位置付けを、絶えず伝えている
	部下自身の仕事上の役割が何かをよく認識させている
	仕事の結果や行動に対して、褒めたり、叱ったりと明確に評価している
	絶えず自分の部下とコミュニケーションを取って、悩み事があれば相談に乗っている
	仕事とは直接関係なくても、幅広い知識を身に付けるように指導している
	社外での勉強の機会を部下に積極的に与えている
	仕事観、人間観、人生観など健全な価値観の教育をしている
	部下の家庭の事情に注意を配っている
	部下を心から信頼し、一生、一緒に仕事をする決意がある
	部下に新しいことに挑戦するよう勧め、様子を見ながら成功するよう支援している
指導	
	業務改善のやり方を具体的に伝えている
	部下が問題を抱えた際に、一緒に考えたりヒントを与えたりしている
	仕事を進めるとき、部下が計画的にやるよう指導している
	部下の 2、3 年後の状態や能力の程度を計画していて、その計画に沿って指導している
	大事な仕事の進み具合は上司である自分に必ず中間報告させている
	部下が他部門と協力し合って仕事をするよう意識付けている
	1 カ月ごとに自分の仕事の結果を部下に自己評価させ、次の月の成績に結び付けている
	部下が新しい技術や知識を身に付けるよう指導している
	部下の顧客に対する接し方や電話のかけ方、言葉遣いなどを絶えず意識し、うまくいっていない部分は指導している
	部下の仕事の進行度合いを報告させ、連絡させ、相談させるようにしている
	部下が自立できるように問題改善の提案をさせている
権限委譲	
	新しい仕事のチャンスを与え、部下の能力を引き出すようにしている
	部下に自分がそれまで行っていた仕事を委譲する際の説明や指導は、教育活動だと自覚している
	部下に任せた仕事は、できるだけ途中でやめさせずに、最後までやり遂げさせている
	権限は委譲しても結果の責任は上司の下にあることを理解して行動している
模範的態度	
仁	部下に依頼されたことは最優先で実施する
	部下に仕事を依頼するときは、気遣いの言葉を添えている
	身の回りの整理整頓や身だしなみに注意している
義	建設技術者としてのプロ意識に基づいた判断をしている
	うそやごまかしの行動は一切しない

模範的態度（続き）		
礼	部下からのメールにはできるだけ丁寧に返信している
	自分がしてもらったことには感謝の言葉を伝えている
	物を大切に使い、常に整理、整頓、清掃している
智	常に学び、新たな知識や技術を得ようとしている
	毎月1冊以上の読書をしている
	常に新たな資格取得に挑戦している
忠	不機嫌そうな顔や忙しそうな顔を見せずいつも快活にしている
	部下がいやがることこそ率先垂範で行動している
	社長や会社の愚痴を言わない
	自分の昔話や自慢話をしないようにしている
	問題が起きても他人の責任とせず、自分の責任として解決する
信	提出期限や集合時間など相手との約束は必ず守っている
	「これから〜としよう」という自分と交わした約束を守ろうとしている
孝	上司、目上、年長の方はどんな立場であっても尊重している
	親孝行の行動をしている
悌	部下の報告を受けるとき、話を途中で遮らずしっかり聞く
	部下に意見を押し付けず、納得するまで話す
	部下から話しかけられたとき目を見て聞く

9. 社内研修講師の育成

　社内研修を行うには、社内講師の養成が要る。社内講師には以下の3スキルが必要だ。これらのスキルを高めてもらう必要がある。

企画スキル

　解決すべき問題を捉え、必要な要素を洗い出し、研修を組み立てる能力だ。研修に明確な狙いを持たせて効果を出すには、解決すべき課題を分析し、その改善につながる研修内容を企画しなければならない。

インストラクションスキル

　自分の専門知識と経験を踏まえ、相手が理解したうえで行動できるよ

うに指導する能力だ。講師が研修内容に関する知識を持っているのは当たり前。知識を持っていても、「教える技術」が不足していれば相手には伝わらない。受講者を研修に巻き込みながら進めるための技法がインストラクションスキルだ。

コミュニケーションスキル

相手に気を配り、研修に引き込んで、内容を論理的に分かりやすく伝える能力だ。講師が一方的に話すのではなく、受講者が主体的に参加できるよう、双方向的な働きかけを行う技術である。

10. なぜうまくいかないのか

❶ いくら教育しても効果が感じられない

OJTやOFF-JTで教育しても、なかなか社員の成長を感じられないケースがあるだろう。逆に、教育しても逆効果で、かえってやらない方がましだったと感じるケースもあるかもしれない。

しかし、それでも時間と手間をかけて人を育て続けなければならない。建設会社は人で成り立つ組織なのだから。"丹精込めて育てる"ことこそが重要だ。

❷ OJTで部下を育成しようとしてもやる気を感じられない

あなたがOJT担当になり、部下や後輩が来たとしよう。一所懸命教育をしようとしても、部下からは学ぼうという意欲を感じられないことがあるだろう。つまり、部下のコップが下を向いている状態だ。ここでいくら水を注ごうとしても、そのコップには水はたまらない。

人を育てるには、まずは上司や先輩である自分自身が育たなければいけない。OJT指導員の責任は重い。それだけに、まずは自分が成長して育つ

ことに懸命にならなければならない。

❸ 社員が学ぶことに消極的

学ぶことに消極的な社員が多いという会社もあるだろう。しかし、なかには学ぶことに積極的な社員もいるに違いない。そんなときは、まずは積極的な社員に教育を受けさせる。そうして、その社員が学びを通じて成長する姿を、他の社員に見せるのだ。結果として、学ぶことの楽しさや重要性を、多くの社員が感じ取るはずだ。

一気に全員を教育し、また数年後に全員教育するという「断続的」な教育よりも、まずは熱意ある社員数名を教育し、その後も毎年数名を教育するなど、「継続的」に教育を続けることがより重要だ。

❹ 教育計画を作成しても計画通りに進まない

人材育成の重要性について社内に周知することが大切だ。建設業の資源は人にほかならない。重機を動かすのも人、新たな工法を考えるのも人だ。人を成長させることは、会社の品質管理そのものなのだ。

現場は忙しくて学ぶ時間が確保できない。そんな声をよく聞く。だが、短期的に重要で緊急性のある現場の仕事ばかりに時間を使っていて、長期的に重要で緊急性が低い教育の時間を確保できない企業は必ず衰退する。

❺ 教育経費を確保することができない

教育経費を確保する際には、教育に関する助成金を活用するという選択肢もある。その多くは、雇用保険が財源になっている。厚生労働省のホームページなどで助成金を検索し、活用するといいだろう。

業績が良い場合に「節税」の一環として教育経費を使う会社がある。そのような会社は、業績が悪くなると教育を止めてしまう傾向が強い。先に述べたように教育とは継続的に行ってこそ、効果が出る。業績が悪いときこそ、Ｖ字回復を図るために教育を実施すべきだ。

198

第9章

社会や顧客の
役に立ちたい

第9章
社会や顧客の役に立ちたい

1. エンパワーメント

　人は仕事を通じて顧客や社会の役に立っていると感じると、やりがい、働きがいを感じる。そして、顧客や社会に貢献したいという気持ちが強くなると、上司や会社から指示を受けなくても、自主的に動き、自分の能力を最大限に発揮させようとする。当事者意識が高まっているからだ。

　では、どうすれば当事者意識や自主性を高められるのだろうか。エンパワーメントという言葉がある。力を引き出すという意味だ。個人や集団が本来持つ力を引き出すことだ。実践できれば、社員の当事者意識が高まり、自主的に働き、能力を最大限に発揮できるようになる。

❶ 企業や人事領域におけるエンパワーメント

　人の力を最大限に引き出すには、どのようにすればよいのだろうか。以下に示していく。

情報を共有する

正確な情報を持っていなければ、責任ある仕事はできない。逆に、正確な情報を持っていれば、責任ある仕事をせずにはいられなくなる。社員に会社や工事現場の状況をはっきりと理解させれば、信頼感が生まれてくる。こうして初めて、自分が経営者になったつもりで行動するように、社員に要求できるのだ。

社員に共有すべき情報には、以下のような項目がある。

● 会社の財務状況（損益計算書、貸借対照表、キャッシュフロー計算書）
● 工事現場の予算、損益状況、精算結果
　（実行予算、協力会社との取り決め、工事精算書）
● 人事評価の結果
● 中長期的展望（中期経営計画書）

建設業はどちらかというと、社会や顧客の役に立っているという実感を得やすい職業だ。造った物が目の前で完成し、それを見た顧客や社会から「ありがとうございます」「すごく便利になった」「すごいものができたね」「きれいになったね」などという言葉を直接聞けるからだ。

一方、その完成の瞬間に立ち会えない建設業従事者も数多い。設計技術者や工事の一部を担当する専門工事会社の人たちだ。彼らは工事竣工までの一部を担当しており、建設生産プロセスの中でも重要な役割を果たしている。にもかかわらず、完成の瞬間には立ち会えず、社会や顧客の役に立っているという実感を持ちにくい。

だからこそ、その会社の社長や上司は完成した現場に赴き、その写真や顧客の声を担当者に伝えるべきだ。また、元請け会社の担当者であれば、工事を担当してもらった専門工事会社に完成写真や感謝の声を伝えるべきだろう。そして、公共工事の担当者や施主であれば、前任者や設計会社に礼の言葉を伝えた方がいい。

こんなふうにして、写真を見たり言葉を聞いたりした人たちは、うれし

く思うに違いない。さらに、次の工事も一所懸命やろうと思うはずだ。そして、何よりも自分の仕事に誇りを感じるだろう。

このように情報を共有することが、働き方改革を支えていくのだ。

6つの境界線を設定する

エンパワーメントを高めるには、6つの境界線の設定が重要だ。

[目的] 何のためにこの事業をしているのか

(例：建設事業を通じて、地域の安全と安心を高める)

[価値観] 事業を進める際の指針は何か

(例：高品質のものを早く、安く、安全に建設すること)

[将来像] 目的と価値観を基に、どんな将来像を思い描いているのか

(例：地震が生じたり台風が襲来したりしても、地域の被害がなく、住民がすぐに元の生活に戻れること)

[目標] 今の自分のレベルから背伸びしないとクリアできないような課題、すなわちストレッチ目標を与える

(例：おじぎを何度行っても体は柔らかくならないが、前屈時に後ろからぎゅっと押してもらい、「いてて」という位置まで曲げ続けると、やがて柔軟性が増す (これを「いてての法則」と呼ぶ)。つまり、「いてて」の位置である目標を設定する)

[役割] 責任と権限を明確にする

(例：作業所長、工事部課長の役割、および現場内メンバーの役割を明確化)

[組織の構造とシステム] 組織の構造を明確にする

(例：組織図を明確にして、その通りに報告、連絡、相談が実施されるようにする)

そばにただ立っている管理

社員の内発的な動機付けを高めるには、上司は部下の良き見本となり、部下を信頼しなければいけない。そのため、上司はできるだけ具体的な指示や解決策を部下に与えないようにする。部下が自分自身で問題点を発見

したり、試行錯誤したり、不足する能力を開発したりできるような環境を整えることが重要だ。部下の挑戦を見守りつつ陰から支援する。これこそ、人が育つ環境になる。

例えば、現場で問題が起きたときに、上司は決して動じず（見本となる）、部下に任せきりにする（信頼する）。問題を解決できそうにないと思えたときでも、そばに寄り添う。これを、そばにただ立っている管理（MBST）という。

リーダーシップやマネジメントに関する研究者のトーマスとベルソースは、エンパワーメントを「心理的エネルギーが賦与された状態」として説明している。そして、そのエネルギーを高めるには、以下の4つの観点が必要だと指摘している。

- 自己効力感：自分はやればできるという確信があること
- 影響感：自分が目的、目標達成に影響を与えられるという確信があること
- 有意味感：目的や目標の価値を感じること
- 自己決定感：自分で決めたと認識していること

これら4つを内発的動機付けという。内発的動機付けが高まれば、社員のやる気の向上や当事者意識も向上する。

そのためには、顧客からの声を確実に社員に届ける必要がある。前述したように、建設物の完成時まで関与しない社員であっても、「影響感」や「有意味感」を感じられるように、顧客の生の声を伝える必要があるだろう。竣工時に経営者や営業担当が顧客の声を聞き取り、それを担当する技術者に伝えるなどする。

建設業の仕事は社会貢献性が高い。「影響感」や「有意味感」を感じやすい仕事だ。一方、地震や台風が発生して建設物が破壊され、人的、物的被害が発生すると、「自分の行ってきた仕事が原因で人に被害を与えてしまった」と思ってしまい、「影響感」や「有意味感」を低下させるかもしれない。

そこで、自然災害が起これば積極的に災害復旧の仕事や、被災地支援ボ

ランティアに参加する。そうすれば、「影響感」や「有意味感」を高められる。

　東日本大震災で被災したある建設会社の社員は、九州での地震のボランティアに参加した際、被災者から「スコップの使い方が上手だね」「仕事としてボランティアできるなんて、いい会社に勤めているね」と言われたという。そして、そのことを両親に話したところ、両親は社長に感謝の意を記した手紙をしたためたそうだ。

　「自己効力感」を高めるためには、先に述べたように組織が「安全基地」になっていることが望ましい。そして、「自己決定感」を高めるためには、上司が部下への「権限委譲」を進めることが望ましい。

❷ エンパワーメントのメリット

　企業がエンパワーメントを推進すると、どんなメリットがあるのか。

人材育成

　社員が自分で考えながら仕事に取り組み、難しい課題に対して自分で意思決定を行えば、自身の成長につながる。

能力の発揮

　現場を運営するには、社員一人ひとりのひらめきや能力を100％発揮することが不可欠だ。建設業では、KKDと呼ばれる「経験」「勘」「度胸」が重要だといわれている。エンパワーメントによって、自分の能力を100％発揮すれば、KKDの能力を高められる。その結果、工事や業務をスムーズに進められる。

意思決定の迅速化

　現場では、その場で意思決定するよう求められる。エンパワーメントを推進すれば、社員一人ひとりが自分で考え、判断する力が高まる。上司の判断を仰がずに、意思決定を行えるようにもなるだろう。従って、スピー

ディーな意思決定が可能になり、結果として現場の手待ちや手戻りが減る。つまり、原価低減や工期短縮につながるのだ。

❸ エンパワーメントの実施ステップ

ここまで解説をしてきたエンパワーメントを、実際に企業において実践するには、どのようなステップを踏めばよいのだろうか。以下に解説する。

A：宣言する

リーダーが社員や部下の前で、エンパワーメントの推進を宣言する。

B：目的、価値感、目標への合意と共感を得る

エンパワーメントを行う管理者とメンバーとの間に、目的、価値観、目標への合意と共感が確立し、それがイメージできている状態をつくる。この際、メンバーが目標に対して以下の認識を持っているか確認する。

- 今の自分よりも成長しないと達成できない挑戦的な目標を設定できる
- 到底達成できそうにない目標ではなく、やればできそうと思え、自己効力感・影響感を感じられる目標を設定する
- 目標に対して自分が取り組む価値を感じている
- 目標の達成基準を理解している

C：情報の共有と責任権限の明確化を行う

目標への合意と共感が得られた後は、目標達成に必要な意思決定ができるよう情報の共有化、責任権限の明確化を図る。意思決定に必要なのは、情報と権限である。管理者が持っている情報を公開し、また意思決定に関する権限委譲を行う。

D：自由を認める

目標達成のための自由を認める。この場合の自由とは、「手段の自由」と

「発言の自由」である。

「手段の自由」とは、目標達成のための施工計画や手順を自分で考え、選択できることを意味する。併せて、予算や協力会社との取り決めなどに自由があれば、行動の自由度は増すだろう。

「発言の自由」とは、目標達成のためのアイデアを自由に発信できる環境を意味する。上司の声が強く、自由な発言が難しい企業もあるかもしれない。「言いたいことが言える」風土づくりが重要だ。

E：失敗を許容できる状態にする

自己判断で行動するため、エンパワーメントには失敗がつきものだ。失敗が許容され、社員が安心して挑戦できるよう本社が「安全基地」となる必要がある。具体的には、本社の部課長や上司が部下の失敗をフォローできるようにしたり、「チャレンジ賞」「大失敗賞」などのように、挑戦や失敗を奨励・表彰したりするような制度が有効だ。

制度を作っても、それが風土として根付かないとエンパワーメントは成功しない。「制度より風土」である。具体的には、以下に述べる「ティール組織」となるように改革を継続することが大切である。

2. ティール組織

現場で、部下が自主的に動く組織をつくるためにはどうすればいいのか。現場では、複数のメンバーがチームになって現場を運営する。朝から夜まで一緒にいるので、家族よりも長い時間を一緒に過ごすことになる。

ところが、成果を出すチームがある一方、失敗ばかりするチームや部下が辞めてしまうチームも出てくる。その分かれ目はどこにあるのだろうか。

ここで言葉の定義をする（図9-1）。

図 9-1　群集、グループ、チームとは

チーム（組織）	目的と成果を共有している集まり
グループ（集団）	ルールと秩序がある集まり
群衆	ただ群れているだけの集まり

　ここでは、ティール組織の考え方に基づいて分析しながら、成果を出し続けるチーム（組織）のあり方を考える。

図 9-2　組織の 5 段階

ティール（青緑、生命体のような組織）	信頼で結び付いていて、指示・命令系はなくてもいい
グリーン（緑、家族のような組織）	多様性を尊重する集まりで、階層を残すものの、従業員の呼称をメンバーやキャストなどとしている
オレンジ（橙、機械のような組織）	イノベーションや科学的マネジメントを行う集団で、社長と従業員の明確な階層が存在する
アンバー（琥珀、軍隊のような組織）	長期的展望に基づき上意下達をしている集団で、厳格な階層が存在する
レッド（赤、オオカミの群れのような組織）	力による支配があり、短期的思考で組織を運営している

参考「Reinventing Organizations（英語版）」

　先ほど、「群衆」「グループ」「チーム」と3つに分けたが、色分けすると「レッド（赤）」は群衆、「アンバー（琥珀）」と「オレンジ（橙）」はグループ、「グリーン（緑）」と「ティール（青緑）」がチームとなる。

　このティール組織とは、コンサルティングなどを手掛けるフレデリック・ラルー氏が提唱した考え方だ。「人々の可能性をもっと引き出す組織とはどういうものか」という問いに基づく。組織の発展の流れに沿って、5段階に分けて考えるのが特徴だ（**図9-2**）。

　最初は個人の力に依存した「オオカミの群れ」の状態。そこから上意下達のヒエラルキーに基づいて役割を果たす「軍隊」へと向かう。次に、目標を目指して常に競争し続ける「機械」の状態。さらには、機械的に働くのではなく、個人の多様性を認める「家族」の状態を経て、最後はメンバー全員が目的を共有し、自律的に動く「生命体組織」を理想としている。

では、工事現場ではどのような関係になるのだろうか。

現場が始まると上下関係ができる

工事現場のリーダーであり施工計画や予算を作る人は、計画を作成することに多くの時間を割く。ここでメンバーが計画作成に関与しない場合、計画を作る人が作らない人に指示をする。「オオカミの群れ」と「軍隊」を行ったり来たりする段階である。

施工計画や実行予算の作成者が、トップダウンの軍隊的な仕切り役になると、他のメンバーは思考停止に陥り、言われたことしかしなくなる。施工計画や実行予算に対して、「もっといい方法や手順があるのではないか」というやりとりがなければ、このような状態になるのだ。

施工計画や予算が優れていると、現場はうまく運営できる。すると、現場のリーダーは部下に対して科学的マネジメントを始める。つまり、役割分担をして、手順通りに実行させる「機械」の段階である。多くの建設工事現場のチームはこの段階で運営している。

しかし、工事現場は変化がつきものだ。「機械」の段階にとどまっていると、計画通りに施工できない場合や、自然災害、近隣からのクレームなどの異常事態が起きた場合に、メンバーが主体的に動かないためうまく現場運営ができなくなる。

機械的に役割を決めて仕事をするだけでなく、本来の自分の良さや能力をお互いに引き出し合う、まるで「家族」のような状態に達していると、どんな事態が起こっても協力し合って乗り越えられる。例えば、災害復旧などの緊急時に、社員の妻が会社に集まっておにぎりや味噌汁を作る建設会社がある。これは「家族」の段階である。

「家族」的な現場運営こそが、エンパワーメントには必要なやり方だ。例えば、メンバーのICT能力が高いことに気づき、ICT関連の新工法を提案してもらうこともあるだろう。結果として、そのメンバーの提案が発注者の支持を得て、高い工事成績を得ることができるかもしれない。お互い

に才能を認め合えば、「自己効力感」「影響感」「有意味感」「自己決定感」の内発的動機が高まるエンパワーメントの状態になるのだ。

現場運営をするなかで、さらに欲求があふれ出てくる。「もっとコンクリートを深く学びたい」「一級建築士の資格を取得して設計の知識を高めたい」「社会人大学院に進み、あっと驚く新工法を開発したい」など――。いつかはやりたいと思っていたことが、現実味を帯びてあふれてくるのだ。

一人ひとりがさまざまな分野に活躍の場を広げ、チーム内でそれを認め合うなかで、そのチーム、その建設会社には今までにない深みと広がりが生まれる。ここまでくる組織は、「ティール組織」といえるだろう。

用意と卒意

ティール組織をつくることができれば、指示命令をしなくても部下は自主的に行動するようになる。しかし、一朝一夕にそのような組織には成長しない。どうしても受け身の社員が残るからだ。どのようにすれば社員の主体性を引き出すことができるのだろうか。

ここでは、お茶の用語を使いながら解説しよう。

お茶で使う「用意」という言葉は、お茶を出してもてなす側の亭主が、周到に準備を行うことを意味する。「卒意」とは、もてなされる側の客が、亭主のもてなしに落ち度なく応えるための心構えや行動である。

もてなす側の亭主が「用意」し、もてなされる側の客が「卒意」で行動することによって、茶会が成立する。

新入社員研修において、事務局や研修講師が研修のプログラムや教材を「用意」する。研修を受ける新入社員が「卒意」を自ら考え、主体的に行動する。そして新入社員が成長し、実りある時間を過ごせるようになる。

例えば、新入社員が自ら考える行動とは次の通りである。

- 研修終了後にホワイトボードを消す
- 休憩時間が終わる少し前にみんなに声をかける
- 消極的で発言しない人に発言を促す

言われてからやるのではなく、主体的に行動する雰囲気をつくることが大切である。

反対に、研修講師が指示をしたとしたらどうだろう。

- 研修終了後にはホワイトボードを消してください
- 休憩時間が終わる少し前にみんなで声をかけ合って、決して遅刻しないようにしてください
- 消極的で発言しない人は、必ず発言するようにしてください

このように研修講師が指示すれば、新入社員はそれを受けて行動するだろう。でもそれでは、あくまで受け身の行動になってしまう。

建設会社の事務社員が、新入社員のために作業着を準備したとしよう。これは、建設会社の事務社員が新入社員のために行う「用意」だ。では、新入社員はその行為に対して、どのような「卒意」で応えればいいのだろうか。

例えば作業着を大切に扱い、たまにはアイロンをかける。これは、作業着を用意してくれた会社の期待に応える行為だ。このようなことを指示するのではなく、新入社員自ら考えるように促すことが重要になる。

他にも、経営者や経営幹部が、若手社員とのコミュニケーションを図るための懇親会を計画したとする。これは、会社側から若手社員への「用意」だ。これに対して「卒意」とは同じ年代の人で集まらず、さまざまな年代の人と話をする、部屋の片隅でお酒を1人で飲まないなどとなるだろう。

若手社員や女子社員が会議資料の準備や、会場の整備といった「用意」をするケースもある。資料全てに目を通す、充実した会議にする、資料を雑に扱わないなどが、その際の参加者の「卒意」に相当する。

つまり、部下の主体性を奪うのは、指示や命令をし過ぎる上司だ。上司こそ部下の主体性を奪っているのだ。

3. ワーク・エンゲイジメント

　これからのメンタルヘルス対策は、「弱みを支える」から「強みを伸ばす」方向へと向かう。

　不調面への対策だけではなく、前向きな取り組みも行い、職場の活性化を目指すといい。「ワーク・エンゲイジメント」とは、仕事に誇りを持ち、エネルギーを注ぎ、仕事から活力を得て、生き生きとしている状態のことだ。そんなふうに働けば、人間の持つ強みやパフォーマンスは上がる。そして、組織面、経営面での成長につながる。

　仕事に対する向き合い方や行動を主体的にすれば、退屈な作業や"やらされ感"のある業務を、やりがいのあるものへと変容できる。そのための手法が、「ジョブ・クラフティング」だ。

　では、どのようにすれば退屈な作業や"やらされ感"のある仕事を、やりがいの感じられる仕事に転換できるのか。

　以下のような3つの方法がある。

- ●仕事自体の性質や遂行方法を変化させる
- ●仕事上での人間関係を変化させる
- ●仕事の捉え方（認知の仕方）を変化させる

以下で事例を基に解説する。

3人の石工／仕事の目的を理解する

　3人の石工がいた。1人目の石工に、「何をしていますか」と尋ねると、「今日は、石を100個積んでいる」と答えた。続いて2人目の石工に「今日は何をしていますか」と聞いてみると、「石を積んで壁を作っている」と答えた。最後に3人目の石工に同じ質問を投げかけたところ、この石工は「私は石を積んで壁を作り、そして教会を完成させる。この街の人が幸せになる仕事をしているのだ」と答えた。

石を積むという単純な作業であっても、仕事の捉え方を変化させて目的を明確にすれば、やりがいを高められると分かる話だ。

踊る交通整理員／どうせやるなら徹底的に

交通整理員の仕事は、車や人の流れを整理することだ。ともすれば、単純な作業に思える。しかし、踊るように車や人を誘導する交通整理員が存在する。周りから見ると、とても楽しく、まるでダンスをしているかのように交通整理員の仕事をしているのだ。

この交通整理員も、単に車を誘導しているわけではない。楽しく車を誘導することで、仕事自体の性質や遂行方法を変化させる。同じ場所で働く仲間の人間関係をよりよく変化させる可能性もある。この交通整理員はこうした影響を与えながら、やりがいも高めているのである。

野村克也選手の素振り／「ピュッ」という音を目指して

元プロ野球選手の野村克也氏は、毎日のように素振りを行っていた。素振りというのは、非常に単純な行為だ。ともすれば飽きがちな行為だ。それでも、野村選手は「ピュッ」という音を目指して素振りを続けた。「ピュッ」という音が鳴ると非常にうれしく、その音が鳴るにはどうすればいいかを考えながら素振りをしていたそうだ。単なる素振りの捉え方を変化させ、「ピュッ」という音を目指すことでやりがいを高めた事例だ。

100回帳制度／ちょっとしたご褒美

「100回帳制度」という取り組みがある。例えば、お墓参りをしたり、個人面談をしたり、もしくは社内研修で講師をしたり、本を読んで感想文を書いたりする。そうすると、ハンコを獲得できる。ハンコが100集まると景品をもらえる（第7章の図7-7を参照）。

そんな制度を運用している会社がある。お墓参りをしたり、研修を受けたりすることでハンコがたまり、たまればちょっとしたご褒美がもらえる。

そうして、やりがいも高める。これも、仕事の捉え方を変化させる事例だ。

このように、仕事に対する向き合い方や行動を自ら主体的に考えることで、やりがいを高められる。

仕事との心理的な距離も重要だ。仕事との心理的距離が遠くなると、精神的に健康になる。ただし、心理的距離が遠くなり過ぎると、ワーク・エンゲイジメントが下がる恐れもある。

4. なぜうまくいかないのか

❶ エンパワーメントを進めると仕事の質がばらつく

エンパワーメントを推進すると、社員の自己判断による行動を促すことになる。結果として、個々の社員間で仕事の質にばらつきが出る。顧客から見るといつも安定したサービスを受けられない可能性もあるので、顧客満足度が下がるリスクもある。これを防ぐには、業務標準をまとめて、情報やノウハウ、考え方を共有し、仕事の質を向上させていくことが大切だ。

❷ 部下の管理ができなくなる

上司から部下への指示が減ると、部下の行動が止まってしまう恐れがある。逆に、部下が暴走してしまう恐れもある。

これを防ぐために、「任せて任さず」を実践する。権限は委譲するが、責任は委譲しない。統制を取る仕組みや部下の管理機能など、組織として必要な機能を残しながら、段階的に権限委譲していくといい。

❸ 任されることに慣れておらず仕事ができなくなる

組織の中には、指示を受けて言われた通りに動く分には高いパフォーマンスを発揮する職人型の人も存在する。このような人にいきなり権限を委譲しても、本人は何をやってよいか分からず、パフォーマンスやモチベー

ションが低下してしまう危険性がある。対策としては、エンパワーメントを行う人材を見極める、段階を追って導入するといった工夫が考えられる。

❹ 上司が部下に仕事を任せられない

上司が部下に仕事を任せようとせず、部下への権限委譲が行われないケースもある。任せるまでのステップや失敗時のフォローを手間と考え、上司が自分自身で業務を遂行してしまうためだ。仮に任せたとしても、簡単な仕事しか渡さず、部下の人材育成につながらないケースもある。

「組織の成長や人材育成の手段として、エンパワーメントが必要である」というメッセージを、リーダーが粘り強く発信し続けることが重要だ。

❺ 上司が部下の仕事に介入してしまう

権限委譲と言いながらも、ついつい上司が部下の考え方や仕事の進め方に口出しする例も多い。どんなに正論であっても、部下はやる気をそがれ、パワーが奪われるような感覚を味わうことになる。上司は求められない限り、あまり口や手を出さないようにすることが肝要だ。

❻ 任せ過ぎて部下が致命的な失敗をする

権限委譲の結果、取り返しがつかない致命的な失敗を招く恐れもある。課題が難し過ぎたり、放任し過ぎたりといったことが考えられる要因だ。

工事現場でのエンパワーメントでは、現場の自立を促すためにあえて手を出し過ぎないようにする。工事担当者が本来持つ能力を引き出すというスタンスを貫くべきだ。ただし、致命的な事故が発生しないようMBST（ただそばに立っている管理）を行う必要はある。「任せて任さず」とも言う。「超えられない課題を与えない」「致命的なことにならないよう注意する」といった対応が不可欠だ。

参考文献

第 1 章
平成 29 年度国土交通白書
総務省「労働力調査」平成 29 年
厚生労働省「賃金構造基本統計調査」
厚生労働省「毎月勤労統計調査」
日建協「2017 年時短アンケート（速報）」
国土交通省「建設投資見通し」「建設業許可業者調査」
国土交通省、建設業振興基金「建設業における多能工ハンドブック」

第 2 章
「就活生、入社予定企業の決め手は?」株式会社リクルートキャリア　2019 年 1 月 31 日プレスリリース
「2018 年度新入社員意識調査アンケート結果」三菱 UFJ リサーチ&コンサルティング　2019 年 5 月 10 日
「2018 年度新入社員春の意識調査」公益財団法人日本生産性本部
「20 代のキャリアと学生時代の経験に関する調査報告書」リクルートワークス 2011 年 3 月

第 3 章
「社員の力で最高のチームをつくる」ケン・ブランチャード著（ダイヤモンド社）
「「働き方改革」で業績は向上するのか? 〜 " 働きやすさ "、" やりがい " と業績の関係〜」GPTW　2018 年 7 月 12 日
「理想の会社をつくるたった 7 つの方法」坂本光司、渡辺尚美著（あさ出版）

第 4 章
「マネジメント改革の工程表」岸良裕司著（中経出版）

第 5 章
「「日本でいちばん大切にしたい会社」がわかる 100 の指標」坂本光司著, 坂本光司研究室 著 (朝日新書)

第 6 章
「世界最高のチーム　グーグル流「最少の人数」で「最大の成果」を産み出す方法」ピョートル・フェリクス・グジバチ著（朝日新聞出版）
「経営は何をすべきか」ゲイリー・ハメル著（ダイヤモンド社）
「グーグルが見つけた「成功するチームの法則性」」川合薫著（日経ビジネス 2018 年 1 月 9 日）
「類人猿分類公式マニュアル 2.0 人間関係に必要な知恵はすべて類人猿に学んだ」Team GATHER Project 編集（夜間飛行）
「メンタリング・マネジメント」福島 正伸著（ダイヤモンド社）

第 7 章
「「褒め下手」「叱り下手」上司から抜け出すには」田中 淳子著（日経ビジネスアソシエ 2012 年 6 月号）

第 8 章
「脳リミットのはずし方」茂木 健一郎著（河出書房新社）
「4 倍速で成果を出すチームリーダーの仕事術」高橋 恭介著（PHP 研究所）

第 9 章
「お笑いコンビの盛衰に学ぶ　理想の組織のつくり方」中北 朋宏著（日経スタイル　出世ナビ 2019 年 2 月 16 日）
「ワーク・エンゲイジメント ポジティブメンタルヘルスで活力ある毎日を」島津 明人 著（労働調査会）
「経営は何をすべきか」ゲイリーハメル著（ダイヤモンド社）
「THE　TEAM5 つの法則」麻野 耕司著（幻冬舎）

降籏 達生（ふるはた たつお）
ハタ コンサルタント（株）代表取締役

NPO法人建設経営者倶楽部KKC理事長
1961年、兵庫県生まれ。83年に大阪大学工学部土木工学科を卒業後、熊谷組に入社。ダムやトンネル、橋梁工事など大型土木工事に参画。95年に阪神淡路大震災で故郷の神戸市の惨状を目の当たりにして独立。技術コンサルタント業を始める。99年にハタ コンサルタント（株）を設立し、代表取締役に就任。建設業の経営改革や建設技術支援のコンサルティングを5000件以上手掛けてきた。育成した建設技術者数は20万人を超える。自ら発行するメールマガジン「がんばれ建設～建設業業績アップの秘訣～」は読者数2万2千人。
ホームページは http://www.hata-web.com/

主な資格は、技術士（総合技術監理部門、建設部門）、労働安全コンサルタント。主な著書は「今すぐできる建設業の原価低減」「今すぐできる建設業の工期短縮」「その一言で現場が目覚める」「施工で勝つ方法」（以上、日経BP）、「その仕事のやり方だと、予算と時間がいくらあっても足りませんよ」（クロスメディア・パブリッシング）など。

建設版
働き方改革実践マニュアル

2019年9月24日　初版 第1刷発行
2022年9月30日　初版 第2刷発行

著者：降籏 達生
編者：日経コンストラクション
発行者：戸川 尚樹
編集スタッフ：浅野 祐一
発行：日経BP
発売：日経BPマーケティング
　　　〒105-8308　東京都港区虎ノ門4-3-12
装丁・デザイン：村上 総（カミグラフデザイン）
印刷・製本：図書印刷株式会社

© Tatsuo Furuhata 2019　Printed in Japan
ISBN 978-4-296-10349-2

本書の無断複写・複製（コピー等）は、著作権法上の例外を除き、禁じられています。
購入者以外の第三者によるデータ化および電子書籍化は、私的使用を含め一切認められておりません。
本書籍に関するお問い合わせ、ご連絡は下記にて承ります。
https://nkbp.jp/booksQA